# 農学概論

久保康之［編］

朝倉書店

# 農学概論

久保康之［編］

朝倉書店

## 執筆者一覧 （執筆順）

| | | |
|---|---|---|
| 久保康之 * | 摂南大学農学部農業生産学科 | （1 章） |
| 寺林　敏 | 摂南大学農学部農業生産学科 | （2 章） |
| 川崎通夫 | 摂南大学農学部農業生産学科 | （3 章） |
| 田中　樹 | 摂南大学農学部食農ビジネス学科 | （4 章） |
| 石川幸男 | 摂南大学農学部農業生産学科 | （5 章） |
| 奥本　裕 | 摂南大学農学部農業生産学科 | （6 章） |
| 小保方潤一 | 摂南大学農学部応用生物科学科 | （7 章） |
| 井上　亮 | 摂南大学農学部応用生物科学科 | （8 章） |
| 豊原治彦 | 摂南大学農学部応用生物科学科 | （9 章） |
| 吉井英文 | 摂南大学農学部食品栄養学科 | （10 章） |
| 喜多大三 | 摂南大学農学部食品栄養学科 | （11 章） |
| 和田　大 | 摂南大学農学部応用生物科学科 | （12 章） |
| 黒川通典 | 摂南大学農学部食品栄養学科 | （13 章） |
| 小野雅之 | 摂南大学農学部食農ビジネス学科 | （14 章） |
| 北川太一 | 摂南大学農学部食農ビジネス学科 | （15 章） |

＊：編者

# 序

　2020年から2021年は世界中の人々にとって特別な年になった．私たちは日常，「生きる」ということを強く意識することなく過ごしているが，その基盤が極めて脆弱であることを思い知った．COVID-19，いわゆる新型コロナウイルスのパンデミックが発生し，人々の生命と生活を震撼させている．感染症のパンデミック以外にも地球レベルの気候変動は気象の極端化をもたらし，超大型の台風の襲来，組織化した積乱雲による線状降水帯による大雨，異常高温や干ばつなど，数十年に一度という形容詞が特段の意味をなさないほどに，未曾有の規模の災害が日常化している．とりわけ，温室効果ガスの増大による地球温暖化現象は農業生産に大きな影響を与え，安定的な食料生産を脅かしている．

　人類はこうした危機にどう立ち向かうのか．農学は自然を対象として，自然に働きかけ，価値を生み出す諸活動に関わる学問である．旧来，自然は畏怖すべき対象であり，人間が制御できる領域を超える存在であった．しかし，いま，人間の諸活動は地球環境に対して支配的な影響を与えるほど肥大化し，自律性と制御を失った自然環境に対して，慄くさまが現代の人々の姿ともいえるだろう．自然の恵みを享受し，食を通じて，「生命（いのち）」を養う諸活動を扱う学問，これが「農学」の変わらぬ「原点」である．いま，「農学」という学問の存在感と使命がこれほど，顕著に感じられる時代はないといえる．

　「農学」は農業生産に与る「生業（なりわい）」を扱う学問として，大きな貢献をしてきた．一方，人々には農学が生業としての「農業」を扱う学問であると受け止められてきた感があることは否めない．それ故，近年の農学に関する学問領域の広がりを生命農学，生命環境学，バイオサイエンスなどの言葉を添えながら，農学の守備範囲を示して来たといえる．しかしながら，改めて定義するまでもなく「農学」の本義に立ち返ってみれば，「農」の中に，自然と人間活動の間に存在するさまざまな課題と事象が包摂されており，いま，私たちの生命と生活の基盤の脆弱性をまのあたりにして，農学という学問の存在を社会が再認識する状況が整って来たのではないだろうか．

　本書では，総合科学としての農学をその原点に立ちながら，時代の進展に応じた，学問としてのダイナミズムを捉えながら，新しい「農学」の世界を示すことができればと考えている．特に，これから本格的に農学を学ぶ，初年時の大学生には，本書で農学の基礎となる知識を得るとともに農学の世界観を知ってもらいたい．また，農学の世界に関心のある一般読者や高校生にとっても，教養としての農学の世界を概観することができるのではないかと考えている．国連が採択した2030年を達成目標とするSDGsに示された17の課題は新しい「農学」の諸分野と親和性が高い．グローバルな視点から，人々の生活や生命活動の基礎となる食料や健康，地球環境などは農学の直接的な課題である．本書の各章での記述が17の課題につながっていることも理解されると思う．

　SDGsのsustainableの「持続可能性」について，企業の社会的責任CSR（corporate social responsibility）に造詣の深い笹谷秀光氏はSDGsに関する著書で，持続可能性という言葉を「世のため，人のため，自分のため，そして，子孫のため」という言葉に置き換えると世代内から世代間を含む概念として，わかりやすく，本質をついていると語っている．「農学」が関わる農業，食品，栄養，健康，流通など諸活動のそれぞれの立場において，この言葉を添えてみることで，持続可能性を自分ごととして捉え，なすべき課題が浮き上がってくるのではないだろうか．そして，日本の農業，食と農の未来を開いていくために，私たちは何をすべきなのか，課題とともに，それに立ち向かう勇気の一歩を踏み出すことができればと念じる．SDGsの理念に「誰一人取り残さない」とともにtransform「変革，変容」という言葉がある．私たちはそれぞれの立場で，自分自身の変革を意識しながら，課題に立ち向かっていくことが期待されているように思う．

　本書は日本の食と農の未来を担う人材を育成するという高い志をもとに，熱意あふれる摂南大学農学部の専任教員15名が執筆をしている．その目的が達成されることを願う．

　最後に本書の出版にあたっては，朝倉書店の多大なるご尽力を頂いた．ここに心よりの謝意を表したい．

　2022年2月

摂南大学　農学部

久保康之

# 目　　次

# 農学を大学で学ぶとは

久保康之

〔キーワード〕　農業，食料，生命科学，地球環境，SDGs

## 1.1　「農学」の新展開

　序で示したように，「農学」は農業生産に与る「生業（なりわい）」を扱う学問として，大きな貢献をしてきた．一方，人々には農学が生業としての「農業」を扱う学問であると受け止められてきたことは否めない．しかしながら，「農学」の本義に立ち返ってみれば，「農」の中に，自然と人間活動の間に存在するさまざまな課題と事象が包摂されており，学問としての農学の範疇は広い．そこで「農学」とは何かを改めて見直してみたい．「農学憲章」（コラム）には農学の理念を「地球という生態系の中で，環境を保全し，食料や生物資材の生産を基盤とする包括的な科学技術および文化を発展させ，人類の生存と福祉に貢献することである．」と示されている．この「農学憲章」の理念から重要なキーワードを拾うと地球，生態系，環境，食料，科学技術，文化，人類，福祉となる．生業としての農学の守備範囲にとどまらずグローバルな視点から人類の生存，福祉，文化，科学技術に関わる学問であると位置付けていることがわかる．

　そして，この理念は2015年に国連が採択したSDGs（持続可能な開発目標）に示された地球上の「誰一人取り残さない（leave no one behind）」という理念の眼差しに共通しているともいえる．SDGsでは貧困や飢餓といった問題から，教育，働きがいや技術革新，気候変動，地球環境の保全に至るまで，21世紀の世界が抱える課題を包括的に捉えている．17の目標の中で，「貧困をなくそう」「飢餓をゼロに」「気候変動に具体的な対策を」「海の豊かさを守ろう」「陸の豊かさも守ろう」は，直接的に農学分野に関連することがわかる．さらに，そこから，広く社会生活に視野を広げると農学に関連しない分野はないといっても過言ではない．

　農学が生産から食と健康，そして環境も含めた，わたくしたちの生活や生命活動に関わる広い分野を扱う，大切な学問領域であることが浮かび上がっ

**農学憲章**

平成14年6月6日　全国農学系学部長会議にて制定された.

### 前文

全国農学系学部長会議は，学術活動を通じて人類の生存と活動に基盤を与え，もって社会に貢献することが農学の使命であることを自覚し，この使命の達成に向けて，農学の依って立つべき理念と目的を明らかにするため，農学憲章を制定する.

### Ⅰ　農学の意義

1.（農学の理念）　農学の理念は，地球という生態系の中で，環境を保全し，食料や生物資材の生産を基盤とする包括的な科学技術および文化を発展させ，人類の生存と福祉に貢献することである.

2.（農学の定義）　農学は，人間の生活にとって不可欠な農林水産業ならびに自然・人工生態系における生物生産と人間社会との関わりを基盤とする総合科学であり，生命科学，生物資源科学，環境科学，生活科学，社会科学等を重要な構成要素とする学問である.

3.（農学の特質）　農学は，農林水産生態系の持続的保全と発展を図りながら，人類と多様な生物種を含む自然との共生を目指す総合科学であり，その意味において，他の学問分野とは異なる独自の存在基盤を有する.

4.（農学の役割）　農学は，環境調和型生物生産，生物機能の開発・利用および自然生態系の保全・修復に関する科学の促進と技術開発を行うとともに，生命科学として他の学問分野と連携した研究を推進することにより，人間性を育む科学としての社会的役割を担うものである.

### Ⅱ　農学の教育

1.（教育の目標）　農学教育は，地球的規模で農林水産業・農学を考えることができる人材の育成を目標に，個性と学習意欲を伸ばし，広い視野，高度な専門的知識と技術，理解力，洞察力，実践力を獲得できる創造的で機動性に富んだ教育を追求する.

2.（教育のシステム）　農学教育は，総合科学としての農学のもつ幅広い知識，課題探求能力，問題解決能力を修得させるため，多様な教育プログラムからなる柔軟な教育システムに立脚したものとする.

3.（教育の点検・評価）　農学教育は，その実施に当たって，学生の学習活動，教員の教育活動，教育環境，教育システムおよび教育の支援体制等について自己点検を行い，また学生ならびに適切な第三者の評価を受け，その結果を教育理念の達成に反映させる.

### Ⅲ　農学の研究

1.（研究の目標）　農学研究は，農学の理念に基づいて，人類の生存と福祉に貢献することを目標とする.したがって，人類の生存と福祉に反する研究の実施も支援も行ってはならない.

2.（研究の遂行）　農学研究は，基礎科学に立脚した応用科学の促進により，継承・伝承すべき基盤的研究，近未来を拓く先端的研究，遠未来的な独創的研究を共に尊重する.

3.（研究の連携）　農学研究は，大学の個性と地域性を尊重しつつ，国，地方自治体および民間企業等の研究機関，生産者団体，消費者組織等と連携し，各組織間において協調性と柔軟性を保ちながら推進する.

4.（研究の点検・評価）　農学研究は，研究の方法や成果について常に自己点検を行い，また適切な第三者の評価を受け，その結果を研究目標の達成に反映させるとともに，成果を適正に社会に還元する.

### Ⅳ　農学の社会貢献

1.（社会貢献の目標）　農学の社会貢献の目標は，地域，社会，民族，人種，国籍等のあらゆる境界を

超えた人類普遍の真理を追求し，全人類の生存と福祉に貢献できるよう，不偏・平等の原則に立つこととする.

　2.（地域社会への貢献）　農学は，地域の農林水産業の振興を図るとともに，自然環境の保全・修復に関する教育研究を通じて，地域社会に貢献する.

　3.（国際社会への貢献）　農学は，グローバル化した食料や環境問題解決のため，世界各国の学生および教育・研究者と交流を深め，相互理解に基づく国際的視野に立った教育研究を推進することにより，国際社会に貢献する.

てくる．このような視点から「農学」とはどのような学問かを問いなおせば，その扱う対象と方法論から「生命科学」，「環境科学」，「社会科学」といった学問領域が農学から離れたものではなく，むしろ農学を形づくる大事な学問領域であるという認識が深まってきているといえる.

　先述の「農学憲章」には農学を「農学は，人間の生活にとって不可欠な農林水産業ならびに自然・人工生態系における生物生産と人間社会との関わりを基盤とする総合科学であり，生命科学，生物資源科学，環境科学，生活科学，社会科学等を重要な構成要素とする学問である.」と定義している．大学における農学系学部では，こうした背景をもとに教育・人材育成を目的として学科と教育カリキュラムが設置されている．その研究分野について，図1.1でまとめている.

　本著では新しい「農学」の視野から，農学を俯瞰し，農学の基礎的な知識を確認し，未来に向けて課題を見出すとともに課題解決の道を探る.

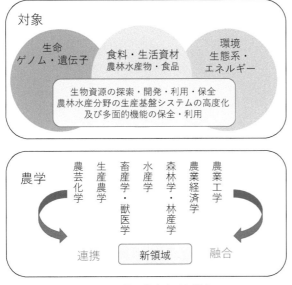

図1.1　農学の基本分野と対象

（日本学術会議 農学委員会・食料科学委員会合同 農学分野の参照基準検討分科会（2015）を改変）

## 1.2　持続可能で豊かな人間社会と地球環境の創出

　ここでは，未来を見据えた農学の立場から，農学を学ぶものが目指す世界，私達が大切にすべき価値が何かを探っていきたい．

### 1.2.1　食の安全保障とグローバリズム

　SDGsの17の目標の中の「飢餓をゼロに」という目標は文字通り，食料問題であり，農学に直接関わる課題である．また，開発途上国における貧困の問題にも連動する．インドのノーベル賞経済学者アマルティア・セン博士は幼少のころ，故郷で起きたベンガル大飢饉の惨状を目の当りにして，貧困や不平等に強い関心をもって，社会のありかたを探求したと回顧している．博士は「人間の安全保障」という概念を提示し，「人間を病気や疫病の不安にさらし，そして立場の弱い人々を経済状況の悪化に伴う急激な困窮に追いやる種々の要因に対処するためには，突然襲いくる困窮の危険にとくに注意する必要がある．」（人間の安全保障委員会，2003）とSDGsの理念に通じる提言をしている．食料は人間の生命と尊厳を支える重要な資源である．その観点から人間の安全保障と同じ目線で「食の安全保障」という概念が提示されている．飢餓や栄養不足は，人間の生命と尊厳に対する直接的な脅威になるからである．

　国際連合食糧農業機関（FAO）ほか四つの国連機関（IFAD, UNICEF, WFP, WHO）は2020年7月に共同で「世界の食料安全保障と栄養の現状」を発表し，健康な生活を送るのに必要な十分な栄養を摂取できない人々，いわゆる「飢餓人口」は南アジアやサハラ以南のアフリカ諸国を中心とした発展途上国で世界人口の8.9％にあたる6億9000万人に達し，さらに，新型コロナウイルスにより8300万人〜1億3200万人が栄養不足に陥ると予測している．飢餓は直接的には人々が必要とする食料の不足によって起こる．したがって，食料の需給という観点からは農業生産の損壊と直結する．上述のベンガル大飢饉はイネにごま葉枯病という病気が大発生してコメの収穫が大打撃を受けたことが直接的な原因である．他にも，19世紀半ばにアイルランドで大飢饉が発生し，100万人を超える人々が餓死するという悲惨なできごとがあった．当時の主要作物であったジャガイモに疫病が大発生し，ジャガイモ生産が壊滅的な被害を受けたのが直接的原因である．

　いま，地球人口は増大を続け，2040年には90億人を超えるとみられている．また，気候変動による温暖化は植物の生育環境の変化，病害虫の多様化や生息域の拡大，水資源の枯渇や偏在は農業生産に予期できない影響を与えると懸念される．さらには，温暖化による気象の極端化，風水害の極大化は農業生産における大きなリスクとなり，地球人口を支えるに足る安定した農

**ジャガイモ疫病**
菌類（卵菌類）に属するジャガイモ疫病菌（学名：*Phytophthora infestans*）によって引き起こされるジャガイモの病気．葉，茎や塊茎（イモ）に感染し，植物組織の壊死を起こし，腐敗させる．ジャガイモ疫病菌には感染性を異にするさまざまな系統が存在する．一方，ジャガイモにも多様な品種があり，病原菌の系統とジャガイモの品種の組み合わせにより，病気の程度が大きく異なる．19世紀，アイルランドでジャガイモ疫病が大発生した時には，栽培されているジャガイモ品種が単一化し，その品種に対して感染性の高い疫病菌の系統が現れることによって，被害が拡大したと考えられている．

図1.2　ジャガイモ疫病による被害植物の様子（竹本大吾氏撮影）

図1.3　ジャガイモ飢饉のモニュメント（アイルランド・ダブリン市）（竹本大吾氏撮影）

業生産を確保できるかは大きな課題となっている．とりわけ，指数的に増加を続ける人口に対して，それに対応した農耕地の拡大を見込めない状況では，革新的な栽培技術の開発や効率化，病害虫の効果的な管理が必要となってくる．これに対して伝統的な「農学」の諸分野が果たしてきた貢献には多大なものがある．生産技術の革命の具体的事例としては，1940年代後半に始まった「緑の革命」は1960年代から1970年代にかけて途上国に広がり，ハイブリッド品種の開発によって，主要穀物に生産性の優れた性質を付与することに成功している．また栽培技術における機械化や化学肥料，化学農薬の利用を伴って，生産性の向上に大きな貢献をしたといえる．しかし，近年，持続可能性という観点から，自然環境の破壊や負荷の増大，化学肥料，農薬に対する依存性，種苗の寡占化などの懸念が生じていることも認識する必要がある．新時代に対応した，技術的イノベーションが期待されるところである．

　先述したセン博士は飢饉の問題に対して，農業生産性の課題だけではなく，社会経済的な視点からの問題提起をしている．つまり，農業生産物の偏在と分配の課題である．当時，ベンガル地域の人々の生命を救うに足る食料供給ができる状況にはあったと分析し，政策による救済的な分配措置に課題があったと指摘している．また，19世紀のアイルランドにおけるジャガイモ疫病による飢饉においても，当時のアイルランドに対して，「生命」と「尊厳」を守る社会的な救済の措置をとる政策的措置はできたと考えられている（コラム）．故に「農学」は自然科学領域における技術論的な課題に取り組むだけではなく，人間社会を射程に置いたときには，社会経済活動についても，真正面から捉えていく使命があるといえる．今日の日本においては，日常生活を脅かされるような「飢餓」をリスクとして感じることは，少ないと

---

**コラム　アイルランドジャガイモ飢饉**

　飢饉は干ばつや病害による農産物の収穫の大打撃によることが直接の原因となるが，人々の生命の存続が脅かされる状況が19世紀半ばの近代において，そして，イギリスが牽引する産業革命の最中にヨーロッパで起こったことは，驚くべき事実であるといえる．アイルランドの人々への救済はなされなかったのか．何が事態を傍観させるにまかせたのか．

　当時，アイルランドはイギリスの支配下にあり，イギリスの領主がアイルランドの農奴を支配するという関係にあった．さらに，アングロサクソン民族対ケルト民族，イギリス国教徒対カトリック教徒という民族的および宗教的な差別構造があった．そのことが飢餓にさらされているアイルランドの人々への傍観的態度，無施策の動機となっている．

　1921年にアイルランドは独立し，1997年にはイギリスのブレア首相（当時）が，ジャガイモ飢饉の追悼集会で，飢饉当時のイギリス政府の責任を認め，謝罪している．ジャガイモ飢饉から150年後のイギリス政府からのはじめてのアイルランド国民への謝罪となった．その言葉をアイルランドのブルートン首相（当時）も心の癒しと未来への教訓として，受け入れている．SDGsの「誰一人取り残さない」というメッセージの重要性を歴史が語っているといえよう．

もいえる．しかし，視野をグローバルに広げれば，いま，大きな課題がそこにはあり，私達の置かれた状況も2020年に出来した新型コロナウイルスのパンデミックが教訓として示しているように，生命を脅かす突然の予期せぬ災厄に対応することができる構えを備えていく必要があることを示唆している．発展途上国を中心とした人口の増大，都市化の進展と農村の崩壊，農業従事者の高齢化などの課題を解決するのは「農業経済学」の守備範囲であるといえる．

　さて，筆者がODA（政府開発援助）の中国内陸部人材育成事業で調査した中国雲南省の事例を紹介する．雲南省は中国の南西国境地帯に位置し，自然資源に恵まれた地域である．その自然条件や民族の多様性から，農山村は景観的にも文化的にも魅力あふれる要素を備えている．一方，農業人口が多く，少数民族を中国で最も多くかかえ，農村の生活レベルを引き上げることが課題である．

　そうした課題を解決するために，都市と農村の交流事業が民族文化の保護・継承と経済力向上の効果的な手段となり得ると考えられた．特に雲南省の元陽県では低地棚田と高地棚田の標高差は1,200 mもあり，面積は約11,000 haに及ぶ（図1.4）．この地域には，雲南省がもつ特性である多様性（民族・動植物・地形）が典型的・集中的に現れており，世界遺産に登録されている．その特性を活かした，「持続可能農業による都市農村交流」のあり方の一つとして，「農家楽」（農業生産＋農産物加工・調理＋レストラン・宿泊＋保養施設提供の農家による兼営）が，農業資源の有効活用による地域活性化に有効であることを提案し，地域資産の活用について指導的な技量をもつ人材育成事業を推進した．

　また，栽培技術においては，雲南農業大学が中核となって，雲南省を特徴

**ODA**
「開発途上地域の開発を主たる目的とする政府及び政府関係機関による国際協力活動」のことを開発協力といい，そのための公的資金がODA（Official Development Assistance（政府開発援助））である．政府または政府の実施機関はODAによって，平和構築やガバナンス，基本的人権の推進，人道支援等を含む開発途上国の「開発」のため，開発途上国または国際機関に対し，資金（贈与・貸付等）・技術提供を行う．これまで，日本はODAを通して，保健・医療，質の高いインフラ整備，教育をはじめとする各分野への支援及び人材育成などを実施している．
（外務省ホームページより改変）

図1.4　雲南省元陽県の棚田（筆者撮影）

づける「生物的多様性」を利用した農作物の栽培プロジェクトが進められており，実績を上げている．先述の棚田では標高による環境条件に適した在来のイネが栽培されていることを調査研究で明らかにし，また，平地部では，マルチラインというさまざまな特性をもった品種を混植することによって，病気の発生を抑え，農薬の投与によらない収穫の増大に成功している．つまり，生物多様性を生かすことが持続可能的な農業の展開につながることを示している．

そのほか，生物資源の保全は重要な課題である．栽培植物の多くは野生種を起源として人為選択を重ねて栽培種として確立している．トマト，ジャガイモは中米が起源地であり，コムギは中央アジアを起源地とし，野生型コムギの交配とゲノムの倍化を経て，現在のコムギ品種が確立している．雲南省に話をもどせば，ソバの起源が雲南省の野生ソバであることが，近年の研究で明らかにされている．こうした栽培植物の由来となった地域ではその植物の野生種が生えており，遺伝的な多様性を保持している．こうした野生種には耐病性や環境適応性など，優れた遺伝子形質が保存されていることが期待される．持続的な農業の展開には遺伝子資源の保全は重要なミッションである．

### 1.2.2 農学分野における科学技術とイノベーション

2050年のカーボンゼロ社会の達成を目指して，世界的なロードマップが示された．太陽光や風力，地熱あるいはバイオマスなどを利用した再生可能エネルギーの利用や，水素やアンモニアを利用した$CO_2$を排出しないエネルギー利用，バイオディーゼルや炭化水素の化学合成などさまざまな技術展開が進んでいる．農業生産活動も温室効果ガスの増大に無関係ではない．持続可能で豊かな人間社会と地球環境の創出に向けて，農業分野における科学技術においてどのようなイノベーションが進展しているのか．三つの観点からみていきたい．

#### a. 栽培技術の革新

近年，AIやIoT技術を利用したスマート農業の展開が注目されている．伝統的な農学においては作物学，園芸学，土壌学，植物栄養学，そして農業機械を扱う農業工学といった分野が栽培技術に関する研究を扱ってきた．そして，優れた技術開発や研究成果は伝統的な学問体系のもと，「生業」としての「農業」を支える技術的基盤を提供してきたといえる．

前述したように，農学が生業としての農業を扱う学問から，地球環境や人間社会全般を扱う学問としての立ち位置がより鮮明になってきた．一方，地球温暖化による想定外の栽培環境の変化や農業を取り巻く社会構造上の変化は農学という学問分野の更なる展開を促すこととなった．そして，近年，注目されているのが，情報科学分野である．従来，農学分野とは接点が少な

かったデータサイエンス，リモートセンシング，AIといった工学分野の技術を農業分野に適用し，旧来の技術的な枠組みを超えた農業のあり方が提案され，実用展開が進んでいる．

　具体的な事例としては，位置情報を利用したトラクターや田植え機の自動運転，リモートセンシング技術を利用した生育状況の情報取得や圃場管理システム，農作業の負荷低減のためのアシストスーツ，熟練農業者の技術・判断の継承，病害虫被害の画像診断，自動収穫ロボット，さらにはデータ連携によるフードチェーンの最適化などさまざまな場面での適用展開がなされている．

### b.　生命科学の応用展開—ゲノム編集—

　農学は人々の生命を支える「食」を扱う学問である．つまり，生命を養い，利用する学問といえる．食資源をいかに開発し，利用するかは，人類社会の根源的なテーマである．古来人類は自然環境における動植物を栽培化，家畜化し，利用してきた．その過程では，食料としての利用価値が高まる方向へ，世代交代と選択を重ねて，生産性や食味，栽培特性など望まれる性質を付与してきた．近年，生命科学の進歩により，遺伝子情報のセットであるゲノムの解明が極めて迅速に，かつ安価にできるようになった．つまり，生物のもつ性質や特徴を遺伝子の配列情報として，記述することが可能となり，同時にその遺伝子情報を自在に変更できる技術も確立されるに至った．それが「ゲノム編集」である．従来の「遺伝子組換え」技術の延長線上にある技術であるが，意図した遺伝子の改変を正確にできること，遺伝子改変をした痕跡を残さず，自然界で存在しうる変異と同等の変異を導入できるという点で革新的な技術である．

　グローバルな人口増加への対応は重要な課題である．2050年に想定される97億人の世界人口を養いうる食料生産をいかに確保するか．衛生的で健康な生活を確保するために，感染症のリスクをどのように回避するか．海洋資源の豊かさを確保するために，海産物の人工養殖技術をいかに開発するか．気候変動による温暖化に適応できる植物品種をいかに開発するかなど地球的な課題を克服するために，革新的な技術の開発と適用は必須である．ゲノム編集技術はそうした課題を解決する有効な方途の一つである．具体例として「人の血圧上昇を抑える働きがある物質GABAを豊富に含むトマト」や「肉厚なマダイや養殖に適した行動特性をもつマグロ」などのゲノム編集による実用化が展望されている．地球的，人類的な課題を解決するには，新時代の革新的な技術開発と応用が必要であり，生命科学領域を含めた総合科学である農学にはその使命があるといえる．一方，ゲノム編集技術も遺伝子組換え技術と明確に区分けできる技術ではなく，人為的な遺伝子操作が介入する．自然界でも起こりうる変異導入といえども，人為的な操作を加えることで，効率的な生物生産を行う技術であることから，安全性や環境負荷，社

---

**ゲノム編集**

生物のゲノムDNA上の遺伝子の塩基配列を標的として自在に変化させる技術．植物，動物，微生物にまで適用でき，目的に合った性質を持つ生物を作り出すことができる．対象とする遺伝子の塩基配列をハサミの役目をするツールを使って切断すると，切断された遺伝子は，遺伝子の修復機構によって修復されるが，まれに起こる修復ミスを利用して変異の導入を図り，新たな形質を誘導する．外来の遺伝子を導入して形質を加える遺伝子組換えに対し，生物が元来持っている性質を変化させることが特徴．

　ゲノム編集技術は，医療や創薬における技術開発，農作物や水産業における品種改良など，さまざまな分野での応用が期待されている．一方，生命倫理上の課題や狙った場所以外の塩基配列の変異の可能性と影響についての適切な評価も欠かすことはできない．

会的な受容について，多角的に検討を重ねながら技術導入をはかっていくことが必要であることは論を待たない．生命倫理的な位置付けも必要となる技術であるという理解は必要である．

### c. フードサイエンスの新展開

食を取り巻く環境は近年，大きく変化している．ライフスタイルの変化や健康志向の高まりにより，食のあり方が大きく変化している．また，植物性タンパク質を素材にした食品への期待が高まっており，持続可能性と温室効果ガスの排出低減といった観点からの畜産業のあり方などが課題となっている．

日本では労働環境の変化，女性の社会進出や人口構成における高齢者の増加など，社会的な要因から，食事のあり方も変化している．家庭内で食材を調達して，調理し，家族が一緒になって食べる「内食」とレストランなどで食べる「外食」が二者択一的にあった食事形態から，冷凍品や半加工品を家庭で調理するという「中食」の割合が増加傾向にある．こうした背景から食品加工技術についても革新的な技術展開が進行している．植物性タンパク質を用いた植物肉は健康志向や菜食をモットーとするビーガンといわれる人たちからの需要が増加している．従来，植物肉は機能面での代替肉という役割が大きかったが，近年では食味，食感まで動物性の肉に肉薄するものが開発されている．さらには，味覚を数値化し，味をデザインする技術の展開など，「フードサイエンス」の領域の進展が著しい．農学分野が生産技術や生産環境に関わる部分にとどまらず人々のライフスタイルや食生活の変化に対応しながら，生産物の加工までを総合的に扱う学問であるという特徴が近年，より明確になっているといえる．

食材の利用という観点からは，食品ロスの問題が大きな課題になっている．FAOの報告書によると，世界では食料生産量の3分の1に当たる約13億tの食料が毎年廃棄されており，日本では農林水産省のデータによれば平成30年度の食品ロス量は600万t，うち事業によるものは324万t，家庭によるものは276万tに達すると報告されている．食品の廃棄は食の加工段階から，流通，そして消費の場面とさまざまなプロセスで起こりうる．その中で，食品の加工場面での食品ロスの回避に寄与する技術として，従来，利用されず廃棄物として処理されてきた食品素材を利用する，マテリアル利用技術の進歩も顕著である．例えば，ミカンの搾りかすで高度な工業素材であるカーボンナノファイバーを作成したり，世界で「脱プラスティック」の動きが広まる中，サトウキビの搾りかすを精製し，天然パルプを製造する技術の開発など，革新的な技術展開が期待されている．

## 1.3 環境科学と農学

　健康で豊かな持続可能な人類社会の創出を視野に置いたとき，農業資源は単に生産資材的な価値だけではなく，人々の生活や文化的活動と融合した複合的な要素をもつ．先述の棚田は中国雲南省だけではなく，フィリピン・ルソン島北部や日本各地に自然と人間活動が融合した景観を印象深く示している．また，日本の里山は人々の森林資源の管理とともに防災や野生生物との共存など自然と人間活動の調和的な接点としての役割を形成してきた．近年，農業生産に大きな被害をもたらしている獣害も，農村集落の活動の衰退による里山管理の問題と関係づけることができる．農業活動が単に生産活動に留まるのではなく，自然環境管理も含めた多面的な価値をもっていることを示している．農学は生命を直接支える「食」に関する学問であるだけではなく，「環境科学」をも含んでいるといえる．

　また，地球規模の気候変動を考えたとき，農業分野における生産活動がもたらす温室効果ガスの排出がどれだけあるのかということについても，直視する必要がある．FAO等のデータによると農業生産活動が占める温室効果ガスの排出量は工業や電力，運輸・交通を含むすべての生産活動の27%に達すると見積もられている．農業生産活動による温室効果ガスの増加は，グローバルな人口増加と発展途上国で今後予想される食料消費量の増加，食生活における動物性タンパク質の摂取量の増加が大きな要因となっており，こうした観点からの農学分野における取り組みと課題解決が必要であろう．

## 1.4 食と農による地域と経済の活性化

　本章の冒頭に農学という学問が扱う領域を「生業」としての農業に囚われない部分に広がりがあると触れた．農学の世界の視野を広げるという点を強調したが，農業という生業を個人，家族，地域社会へとつなげていく視点を離れて見ては，現実を正しく認識していることにはならない．農業生産活動には生産から加工，流通，消費に関して多様な価値が付与されている．2020年度農林漁業の素生産は日本のGDPの1%の約6兆円であるが，食料関連産業までを含めると国内総生産は10%の約55兆円に達する．時代の変遷とともに，食料調達とカロリーの獲得が第一とされる時代から，経済発展とともに動物性タンパク質の摂取や嗜好性の高まりの時代，そして，健康志向や食事の体験的要素，物語性が期待される時代へと，食をめぐる価値，バリューは大きく変わっている．また，地球的視点では発展途上国か先進国という南北的な要素，さらには食をめぐる文化的，宗教的バックグラウンドの差異で

価値観は変わる．また，地球規模での気候変動は，農業環境の劇的な変化をもたらし，問題を複雑にしている．

　日本農業に注目してみれば，農業従事者の高齢化，農業技術の継承，農地利用と世代継承，過疎化，限界集落など，構造的な課題を抱えているといえる．

　こうした課題解決に真正面から取り組んでいくことがこれからの「農学」の使命ではないだろうか．農林水産省による「食料・農業・農村白書」によれば，若年層の新規就農者の増加傾向が見られるとある．新規就農者の形態も1次産業への単純な参入にとどまらず，農業をビジネスと捉え，新規参入者による加工から流通，販売までの6次産業化を取り入れた，新たなバリューチェーンの構築を視野にいれた新規就農者の参入も進みつつある．さらには，農地法の改正などにより，農業法人の参入がしやすい環境が整いつつあり，農業・農村をめぐる構造的，社会的な課題解決の取り組みが進んでいる．また，IT，IoT技術の革新により，スマート農業技術の積極的な導入はもとより，インターネット上での電子商取引EC（electronic commerce）による販売や生産者と消費者を直結した販売形態による共感力や物語の共有，「こと消費」など新たなバリュー創出の世界が広がりつつある．農学は，人々の生活実感と知恵を共有する学問であり，そこからの新たなイノベーションの創出を期待したい．

## 文　　献

アンドニアン，A. ほか（2020）マッキンゼーが読み解く食と農の未来,日本経済新聞出版.

生源寺眞一ほか編著（2017）農学が世界を救う―食料・生命・環境をめぐる科学の挑戦,岩波ジュニア新書.

セン，A.（2017）貧困と飢饉，岩波現代文庫.

田付貞洋・生井兵治編著（2018）農学とは何か，朝倉書店.

田中宏隆ほか，外村　仁監修（2020）．フードテック革命―世界700兆円の新産業「食」の進化と再定義，日経BPマーケティング.

東京農業大学「現代農学概論」編集委員会編（2018）現代農学概論―農のこころで社会をデザインする，朝倉書店.

日本学術会議 農学委員会・食料科学委員会合同 農学分野の参照基準検討分科会（2015）報告 大学教育の分野別質保証のための教育課程編成上の参照基準 農学分野. https://www.scj.go.jp/ja/info/kohyo/pdf/kohyo-23-h151009.pdf

人間の安全保障委員会（2003）安全保障の今日的課題，朝日新聞社.

安田弘法ほか編著（2013）農学入門―食料・生命・環境科学の魅力，養賢堂.

# ② 農学と社会

寺林　敏

〔キーワード〕　農書，農業の価値，食糧，緑の革命，地球温暖化

農学科，林学科，農芸化学科，畜産学科，農林経済学科などは農学部ではよく聞く学科名である．いまでは農学系学部の学部・学科名称の中に「生命」，「資源」，「環境」，「食料」，「情報」などの言葉を入れている大学も多い．農学の研究対象が広がり，学生や社会に対して学部，学科名称をわかりやすいものにしたい大学側の姿勢がこのような名称変更につながっていると思われる．現在のように守備範囲が広くなった農学を一言で言い表わすなら「生命系の総合科学」と呼ぶのが的確かもしれない．本章では，農業の発展がもたらした負の面にも触れながら，農業の価値を中心に述べ，これからの農業の姿と「農学」が担う役割について考える．

## 2.1　農書と農業の発達

斉民要術
中国雲南省にある省立の雲南農業大学は農学研究・教育において優れた実績を持つ中国有数の農業大学で，広いキャンパスには巨大なレリーフがあり，そこには「斉民要術」の文字とその著者「賈思勰」の姿，種々の農作物が描かれている．

図2.1　「斉民要術」とその著者「賈思勰」が描かれた雲南農業大学キャンパス内の巨大レリーフ

農家は農業関連の雑誌や新聞，農業改良普及員や試験研究機関の研究員，さらには園芸資材等を購入する販売店の担当者などから栽培技術や経営に関する情報を得たり，技術指導を受けることができる．インターネットを利用すれば，海外の有用な情報を得ることも，生産者同士の情報交換も容易にできる．一方，このような情報源や組織化された農業指導体制がなかった時代では，技術指導書としての役目を果たしたものは「農書」であった．中国では6世紀に書かれた中国最古の農書「斉民要術」に作物，栽培，加工，販売法にいたる広範囲な内容が記されている．一方，わが国では，17世紀に書かれたとされる伝記小説「清良記」の巻7が日本最古の農書といわれている．巻7の上巻では作物の栽培法，品種，土壌について述べられている．江戸時代には，全国でたくさんの「農書」が書かれ農作物の栽培技術の向上，農業の発展に寄与した．

江戸時代の三大農学者とその代表的な農書といえば，宮崎安貞の「農業全書」（1695年），佐藤信淵の「草木六部耕種法」（1829年），「農政本論」（1832

年），そして大蔵永常の「広益国産考」（1859年）である．宮崎安貞は，農耕
と農業技術の改良を行った自らの経験，老農からの聞き取り，そして中国の
農書「農政全書」を参考に「農業全書」を完成させた．「農業全書」は明治以
前最高の農業技術書といわれ，穀類，野菜・果樹，工芸作物，家畜・家禽，
薬にいたる幅広い内容からなっている．佐藤信淵は農学，経済学から天文
学，蘭学など幅広い学問に通じ，生涯に多数の著作を残した．大蔵永常は，
生涯にわたり膨大な数の農書類を著作した（33部79巻）．中でも作物生産に
関する著作「広益国産考」は60年近くにわたって記した農書の集大成といわ
れる．彼の農書「農稼肥培論」にはリン酸塩など栄養塩類に関する記載が
あることから，施肥に関する科学的知識がすでに高い水準にあったことがう
かがえる．

　江戸時代に書かれた農書の中で「会津農書」は先の三大農学者の農書とは
やや趣を異にする．「会津農書」は由来のはっきりした日本で最初の農書とい
われている．「会津農書」は「本文」，「歌農書」，「幕内農業記」の3部構成で，
「本文」上巻では米作について，中巻では畑作物栽培について，下巻では農
家の生活について記されている．「歌農書」では，農業，特に栽培技術に関す
る知識を約1,688首の和歌にして詠んでいる．文字が読めない農民が耳で聞
いて覚えることで知識と技術を身につけることができた．例えば「にんじん
の 播き時知らずば 朝顔の 花咲き初むる頃とおぼえよ」とある．現代風に書
けば，「ニンジンの種を播く時期がわからないのならば，朝顔の花が咲き始め
るころが播種時期だと心得ておきなさい」といったところである．なお，
残ってはいないが「歌農書」には絵も描かれていたらしく，農民にとっては
大変わかりやすい農業技術書，教科書であったに違いない．

## 2.2　わが国における近代農学の誕生

　明治に入って，北海道で1875年に開拓使仮学校が，東京で1874年に農事
修学場が創設された．開拓使仮学校はその後に札幌農学校となり，幾度かの
改組を経て現在の北海道大学農学部になった．「青年よ大志を抱け」（Boys,
be ambitious）の言葉で有名なクラーク博士は札幌農学校の初代教頭（校長
にあたる）を務めた．東京の農事修学場はその後に駒場農学校を経て東京大
学農学部に改組された．札幌農学校と駒場農学校は欧米の近代農業を学ぶた
め，それぞれアメリカとイギリス，ドイツから教師を招聘した．ここで学ん
だ学徒らは日本の伝統的な農業技術や農法と欧米の進んだ近代農学を学ぶこ
とで，日本にあったより進んだ農業技術と知識を修めることができた．キリ
スト教思想家で文学者である内村鑑三，5000円札の肖像にもなった教育者
で思想家の新渡戸稲造は同時期に札幌農学校で農学を学んでいる．

歌農書に出てくる牛馬
「牛馬こそ 居宅の内に たてよかし はなれ馬屋は やせるものなり」．耕耘機，代かき機などの動力農耕機械のない時代，牛馬は農家にとっては大切な働き手で，家の中に入れ大切に育てていたことが伺える．

Boys, be ambitious! の続き
"Boys, be ambitious! Be ambitious not for money or for selfish aggrandizement, not for that evanescent thing which men call fame. Be ambitious for the attainment of all that a man ought to be." これは，後に新聞に掲載されたクラーク博士の言葉ですが，本人の言葉とは思われていません．どのようなメッセージなのか理解してみてください．

「雨ニモマケズ」の詩で有名な宮沢賢治は稗貫農学校・岩手県立花巻農学校（後の花巻農業高等学校）の教諭を務めた．農地質学，土壌学，肥料学（植物栄養学）等の幅広い知識と研究成果を集大成した彼の著書「肥料設計書」は，作物栽培の実用技術書としての価値が高い．退職後は，童話作家，詩家としても活躍し「セロ弾きのゴーシュ」，「銀河鉄道の夜」など多数の著作を残した．宮沢賢治は日本の農業の発展，教育・研究に尽力し，わが国における近代農学の礎を築いた農学者，農業指導者のひとりである．

大正末期には京都大学農学部をはじめ，全国に高等農林学校が作られ日本の農学研究と農学教育が発展した．第二次世界大戦前に農学部を有した大学は東京帝国大学を含む5大学であったが，戦後まもなく東北帝国大学に農学部が設置され，国公立・私立大学を含め全国に農学部，農学系学部が誕生した．第二次世界大戦後は農地改革によって小作農家による耕作意欲が高まり，品種育成，新しい栽培技術の開発も進み，農業技術と農学研究が大いに進展した．時代が進み1990年代には旧態の農学からの脱却と新しい時代の要請に応えるべく，全国の大学に改革の波が押し寄せた．1987年農学部と水産学部を統合してできた三重大学の生物資源学部の誕生をはじめとし，全国の大学で学部名，学科名の変更さらには新しい研究領域からなる農学系の学部・学科が誕生した．1995年京都大学農学部はこれまで農学部にあった10学科を解消し，生物生産科学科，生物機能科学科，生産環境科学科の3学科に改組した．しかも，改組のわずか6年後には資源生物科学科，応用生命科学科，地球環境工学科，食糧・環境経済学科，森林科学科，食品生物科学科の6学科に改組した．東京農業大学は1998年に農学部を農学部，応用生物科学部，地域環境科学部，国際食料情報学部に改組した．これら農学系学部，学科の改組の動きは農学と農業を取り巻く社会環境の変化を反映している．

**農地改革**
第2次大戦後にGHQによって行われた政策で，その政策により「地主制」が解体した．その後，農地法が制定され，小作農家は所有する農地で自ら耕作し収益を得ることができるようになった．

**戦後の品種育成**
戦時中に不用不急作物とされたスイカなどの作付けを禁止する「作付統制令」が戦後に廃止され，種苗会社は作付けが禁止されていた野菜を含め野菜の育種と販売に力を注いだ．中でも両親にない優れた形質・品質が得られるなど，多くの利点を持つ一代交配品種（$F_1$品種）の育種が進み，わが国では世界に先駆け$F_1$品種隆盛の時代が到来した．

## 2.3　農業が果たす機能とその価値

大内力氏は著書「農業の基本的価値」の中で，農業の四つの基本的価値として，食料農産物の供給，安全な食品の供給，自然環境の保全，そして社会的環境の保全・維持を挙げている．農学と農業が進歩することで農業の新たな価値が社会から見出され，さらに多様な社会の要求に農業が応えることで，農業はその価値を増す．一方で，農業は農業従事者といった人的要素や農業を取り巻く自然環境と社会的環境が大きく変化することで，容易にその姿を変え衰退する．1999年に制定された食料・農業・農村基本法は農業の多面的機能を「国土の保全，水源の涵養，自然環境の保全，良好な景観の形成，文化の伝承等，農村で農業生産活動が行われることにより生ずる食料そ

の他の農産物の供給の機能以外の多面にわたる機能」と定義している．農業の農産物供給機能と多面的機能，農業の価値を改めて整理する．

### 2.3.1 食糧としての農作物の供給

人はムギ，イネ，トウモロコシなどの穀類，あるいはジャガイモなどのイモ類などのでんぷん作物からエネルギーを得ている．1970年に農学者のノーマン・アーネスト・ボーローグは「世界の食糧不足の改善に尽くした」との授賞理由によりノーベル平和賞を受賞した．彼はこれまでのコムギ品種に比べ草丈が低く，倒伏しにくく，しかも施肥量の増加に応じて収量が増加する短稈コムギ品種（メキシコ系半矮性品種群）を用いて穀物の大量増産を実現させ，世界の食糧不足の改善に貢献した．なお，この半矮性コムギ品種群の作成に日本の半矮性コムギ品種「農林10号」が貢献している．多収性の穀類品種の開発，化学肥料の投入，農薬による病害虫防除，そして灌漑施設の整備等によって，劇的な穀物生産量の増加が可能になったことから，この革命的な食糧増産を「緑の革命」と呼んだ．コムギと同様，多収性の短稈イネ品種が国際稲研究所（IRRI）で開発されたことで，コムギ，イネともに1900年代後半から単収が劇的に増加した．

一方，アイルランドでは，主食である南米大陸原産のジャガイモが，後に原因が明らかになったカビの一種，疫病菌（*Phytophthora infestans*）感染により壊滅的な打撃を受け，100万人以上の餓死者を出した．現在では，土壌消毒や殺菌剤の使用によりこのような悲劇が繰り返されることはない．ジャガイモの原産地であるアンデス地方では，ジャガイモを作る人たちは，性質の異なる複数の品種を同時に栽培し，特定の病気や天候不順にあっても栽培しているジャガイモが全滅するのを回避する農法を守っている．江戸時代に書かれた農書も，品種の重要性と単一品種を作付けすることの危険性を説いている．長い歴史の中で継続されてきた農業技術，農民の知恵から学ぶべきことは多い．

現在，世界の人口は78億7500万人（世界人口白書2021）である．国際連合人口部の資料によれば2040年代には世界の人口が90億人を超える．しかもその増加人口の大半が途上国であることから，食糧問題はより一層深刻化すると予測される．大規模に穀物生産を行ってきた穀倉地帯では，大量の水を地下からくみ上げ使用してきたため地下水の水位が急速に低下し，いずれ地下水が枯渇し農業ができなくなることが現実の問題となり始めている．塩類集積や表層土壌の流出などによる耕作地の生産力の低下や水不足，農作物の生育を脅かす地球温暖化の進行，さらには国土保全，自然環境の保護ある地域，国民の生活権を脅かす耕作地の開墾やダム建設の制限など，耕作の継続，耕作地の維持，拡大は困難を伴う．耕作地はすでに飽和しており，これ以上，耕作地を増やすことはできないとの見方が強い．

国際稲研究所（IRRI）
IRRIは1960年にフィリピンに設立されたイネ，コムギなどの品種育成や稲作技術の開発を行う国際農業研究機関で，FAO(国際連合食糧農業機関）や各国の援助によって運営されている．

世界で生産される穀物が家畜の飼料として大量に消費されていることを知る人は意外と少ない．ウシ 1 kg の肉をつけるためにその 10 倍量に相当する穀物が必要といわれる．アメリカでは収穫された全穀類のおよそ 60% が家畜の飼料として消費されている．現在，ダイズなどを原料にした人工肉の開発が進んでいる．ある食品メーカーが開発した人工肉を使ったハンバーガーは本当の牛肉を使ったものと同等かそれ以上の評価を得ている．ダイズで肉を作ると，牛肉生産に必要とする水の使用量も大幅に減少する．増産が期待できない穀物生産で増加する人口を養うために，人工肉の開発とその利用の動きは加速するものと思われる．また，ノルウェーの EAT 財団は食料システムを根底から見なおすアクションとして，食事に占める野菜の割合を多くし，不足するタンパク質は豆類などで補う健康に配慮した環境にやさしい理想の食事を提案している．

多収性品種の育成，病害虫や高温・乾燥などのストレスに強い品種育成，施肥効率の高い施肥法・施肥技術の開発が農学に強く求められる．しかし，計算上は世界の人口を養えるだけの穀物生産があるにも関わらず 10 億近い人々が十分な食料を確保できていない現実，特に先進国や富裕国で問題となっている大量の食物廃棄等，食料供給システムを根本から改めなければ世界の食料危機，フードクライシス解決の道は見えてこない．

### 2.3.2　食品としての農作物の供給

人の成長や健康の維持に必要な成分とその含量，おいしさ，そして安全性は農産物の食品としての重要な品質要素である．野菜や果物を食べることで，我々は健康の維持，生活習慣病の予防などに効果のあるミネラル，ビタミン，食物繊維をはじめとしたさまざまな成分を得ている．ほんの一例であるが，ニンジンには活性酸素消去能の高い $\beta$-カロテンが，温州ミカンには 2 型糖尿病や動脈硬化症の発症リスクを低減させる働きのある $\beta$-クリプトキサンチンが，オオムギやキノコには整腸作用やコレステロールを低下させる働きがある水溶性食物繊維 $\beta$-グルカンが多く含まれている．食品の機能性に関心が高まる中，野菜や果実などの農産物の機能性や機能性成分を高める栽培法の研究が進められている．例えば，ゴマの葉に含まれるセサミン含量が，24 時間連続明期で栽培することで劇的に増加する（図2.2）．このような好事例は，最近では高い精度で光強度・光質，日長そして気温を制御することができる植物工場での栽培試験で多く報告されている．

農作物の安全性で最も問題となるのが農薬の残留性と環境への影響である．減農薬あるいは無農薬栽培は，農薬コストの軽減，散布時の被散リスクの軽減，無農薬・減農薬栽培による生産物の差別化，環境負荷の軽減などそのメリットは大きい．しかし，日本の夏のように高温多湿な時期には病害虫の発生，雑草の成長が旺盛で，殺菌剤，殺虫剤，除草剤等をまったく使用し

**EAT 財団が提唱する理想の食事とは**
理想的な 1 日の摂取量の例として，野菜 350 g，乳製品 250 g，穀物 232 g，果物 200 g，ナッツ 50 g，肉 43 g，砂糖 31 g，魚 28 g とある．肉類が少なく野菜が多いことが大きな特徴であるが，魚の少なさは魚好きの日本人には辛い．

**施肥効率の高い施肥法**
土壌等を使わず植物の生育に必要な養分を溶かした培養液で野菜などを栽培する方法（養液栽培）では，培養液は栽培ベッドと培養液を貯蔵しているタンクとの間で循環しているので，外部に流出することがなく，極めて施肥効率の高い栽培技術である．

**活性酸素消去能**
種々の代謝過程，あるいは環境から取り込む種々の物質や物理的刺激などによって発生する活性酸素種は過剰に蓄積すると人体に種々の病気（がん，動脈硬化，アトピー性皮膚炎など）や老化を引き起こす原因となる．活性酸素消去能とはこれらの活性酸素の働きを消去する能力で，よく耳にする SOD は活性酸素消去能を有する酵素の一つである．

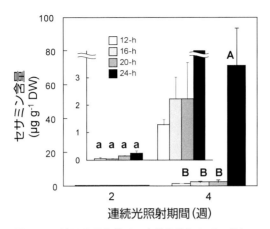

図2.2　24時間日長条件下で水耕栽培したゴマ葉中の
セサミン含量の劇的な増加（Hata et al.,
2012）

ない栽培で経営を成り立たせるのは極めて難しい．農薬は農薬取締法によっ
て製造，販売，使用に関して厳しく規定されており，使用に際して守らねば
ならない厳しいルールがある．ルールを遵守した農薬使用によって，農薬使
用者の安全，農薬が使用された農作物を食べた者の安全が担保される．ただ
し，ルールに従った使用であっても，同一の化学農薬の使用により病害虫に
薬剤抵抗性を獲得するものが出現する場合がある．化学農薬の使用に頼らな
い防除技術としては，1) 天敵の利用，2) 微生物農薬の使用，3) フェロモ
ントラップの利用，4) 接ぎ木苗の利用，5) 紫外線カットフィルムの利用，
6) 害虫を物理的に捕らえてしまう粘着テープの使用などがある．植物残渣
の速やかな撤去など施設内の衛生管理を徹底するだけでも施設内での病害虫
の発生を軽減・回避する効果は高い．安全で効果の高い病害虫防除技術を確
立するため，物質から分子レベルで病原菌の感染機構や害虫の生殖行動の解
明が進んでいる．これらの研究成果は有効な農薬開発や害虫の生殖行動をか
く乱させる新しい防除法の開発につながっている．なお，完全閉鎖系の人工
光型植物工場では完全無農薬の野菜栽培が可能である．

　消費者にとって自分達が食べる野菜が，「食品の安全確保」や「環境への配
慮」，「生産者の安全と福祉」等に関する規範を遵守しているとの認証を受け
た生産者によって栽培されたものであるとわかれば，安全と安心が同時に得
られる．このような認証制度をGAP（Good Agricultural Practice）といい，
わが国には民間団体である日本GAP協会のJ-GAP，生協産直の農産物品質
保証システム，さらには都道府県版のGAPがある．生産者にとってGAP認
証を取得することは「安全な農産物を作る」ことを自ら保証するもので，そ
の結果として経営が向上することが期待できる．生産者と消費者双方にメ
リットがある制度である．

接ぎ木
土壌から伝染する病気に
強い植物（根を利用）に収
穫を目的とする野菜など
の作物を継いだもの．スイ
カ，キュウリ，ナスでは
およそ90%以上が接ぎ木
栽培である．需要の多いト
マトでは接ぎ木装置の開
発が進み，その利用も広
がっている．なお，接ぎ木
には収穫物の品質向上，生
育制御などの目的で行わ
れるものもある．

GAPの項目
青果物に関しては，1) 播
種，育苗から収穫前までの
「栽培工程」，2) 収穫，圃
場での調整・箱詰め・一時
保管から農産物取り扱い
施設への出荷までの「収穫
工程」，3) 農産物取り扱い
施設での調整・加工から出
荷先への引き渡しまでの
「農産物取扱い工程」すべ
てにおいて，例えばGAP
協会等が準備している
チェックシートなどに記
帳し，生産物が安全に生
産，管理されているかを記
録に残す．

### 2.3.3　自然環境の保全

　水田は植物性プランクトンである藻類，藻類を捕食する動物性プランクトン，ゲンゴロウ類などの水生甲虫，トンボの幼虫であるヤゴ，ドジョウなどの魚類，カエルなどの両生類，そしてそれらを餌として集まってくるヘビなどの爬虫類，サギ，トビなどの鳥類等，実にたくさんの生命を育んでいる．都市と農村の中間に位置し，周囲を二次林に取り囲まれた集落，水田，ため池，草原などからなる人間の働きかけによって形成，維持されている自然環境を里地里山と呼ぶ（図2.3）．この里地里山には多くの動植物が生息しており，里地里山における集落の生産活動，つまり農業を営むことで里地里山の景観を保ち，貴重な自然環境が保たれている．水田に生えるトチカガミ科のスブタは農薬の多用や圃場整備の影響で激減しており，環境省カテゴリーの絶滅危惧II類に指定されている．スブタ以外にもミズアオイやタヌキモなど多くの植物が絶滅が危惧され保護すべき対象となっている．水田に生える水生植物が絶滅の危機に瀕する原因のほとんどは，水田での除草剤散布と稲作を放棄したことによる水田の乾田化と考えられる．水田雑草の防除法には，除草機，深水処理，秋冬期の耕起，冬期水田の湛水処理などがり，稲作農家はこれらの作業を取り入れ農薬の使用を抑える努力をしている．

　水田は高い貯水能力と保水力を有しており，山が急峻で雨量の多い日本では大雨による水の流れを遅くすることで，洪水や土砂流出を防ぐ働きが期待できる．山の斜面に造られる棚田も急峻な土地での土砂崩壊を防ぐ働きがある．その他，水田には地表面からの大量の水の蒸発による気温上昇の緩和作用も期待できる．国土の70％が山である日本では，自然林や人工林の適切な管理によって麓の治水が保たれている．「山が荒れると海が荒れる」といわれるように，山林の管理放棄や無謀な山林開発は山林の治水能力を崩壊させ，海への土砂流入によって養殖業，漁業にも大きな被害をもたらす．一方で山林内には落ち葉が沢山あり，それらの葉が微生物の働きで分解されフミン酸などの有機酸が生成される．これら有機酸は汽水域で鉄と結合し，鉄錯体を形成し海に流入する．海では植物プランクトンがこの鉄を吸収・利用す

**秋冬期の水田耕起の除草効果**
イネの収穫後，直ちに水田を耕起することで，イネ収穫後も生育するクログワイなど，次年度に萌芽する水田雑草の塊茎形成量を抑えることができる．

図2.3　傾斜地で水稲作（棚田），畑作が行われている里山の風景（大阪府豊能郡）

ることで増え，その結果，それを食べる動物性プランクトン，さらにそれを食べる魚たちが増え，海は豊かな漁場となる．

### 2.3.4 社会的環境の保全・維持

　農業は農業生産の「場」と生産する「技術」があり，生産活動に従事する「人」がおり，生産活動に従事する人々がそこで「生活」してゆけることで成り立つ．わが国の農耕地は年々減少し，農業従事者は高齢化し，後継者や新規就農者も減少の一途をたどっている．わが国の田畑の耕地面積は平成7年の504万haから，令和2年には437万haに減少した．さらに，農業従事者数も平成7年の258万人から，令和2年には136万人に減少した．完全人工光型の閉鎖空間内で成立する植物工場は例外としても，前述した農業の価値が発揮されるには，豊かな自然環境と同時に農業を営み生計が立てられる社会的環境が整っていなければならない．

　農村社会には信仰，芸術，芸能，食文化などさまざまな農村，農耕文化が生まれ，我々都会に住む人間もその文化を享受している．わが国には，各地方に古くから栽培されていたダイコン，カブ，ツケナなどの在来品種が多くある．隣接する県の間でさえも栽培される野菜の種類，品種，呼び名が異なったりすることは珍しくない．しかし，優良な経済品種の普及により，在来野菜のうち，品種によっては栽培面積が減少しているものや，限られた所でのみ栽培されているものもある．絶滅したものもある．わが国に残る地方在来品種は他にない性質，特性を備えているものが多く，決して絶やしてはならない大切な遺伝資源である．各地の在来品種はその地域で栽培し利用し続けてこそ，その地にあった品種分化，栽培技術の向上，食文化の発展につながる植物遺伝資源といえる．

### 2.3.5 社会福祉，医療への貢献

　農業生産には農作物を生産する活動自体にも価値がある．農福連携事業はまさにこの生産活動自体に価値を見出し，活かしている事業といえる．現在，障害者の雇用推進，自立支援を計る農福連携事業は国・地方の重要な施策となっている．日本農業はすでに述べたように，農業者の高齢化，基幹的農業従事者の減少，耕地面積の減少が加速しており，農業生産力の低下が大きな社会問題となっている．農林漁業への障害者雇用が増加することは，そこで就労あるいは研修する障害者に就職の機会を与え，自立を支援することにつながっている．一方，雇用する農業生産者，団体，地域にとっても労働力の確保，地域の活性化，付加価値の向上，そしてそれに伴う収益の増加といった大きなメリットがある．もちろん障害の程度によって従事できる仕事内容は大きく変わるが，雇用する側，雇用される側双方に利益をもたらす．さらに，農園芸生産活動はそれに従事する人の肉体的，精神的な治療効果，

カブ・ツケナの在来品種
肥大した根を利用するカブや葉を利用するツケナ類は，日本原産の野菜ではないにも関わらず，全国でたくさんの品種が栽培・利用されている．その数はカブ70余種，ツケナ80余種にのぼる．

ホルトセラピー
園芸的作業を通じて心的な癒しや身体的リハビリ効果をもたらす園芸療法はいまではホルトセラピーとの言葉で表現されることが多い．わが国のホルトセラピーの歴史は古く，1930年代にすでに病院で農・園芸作業による治療が実践されていた．また，1950年代には精神科での療法の一つとして取り上げられていた．

いわゆるリハビリ効果があることも知られている．「ホルトセラピー」という言葉で呼ばれるように，農園芸活動が人の精神活動に与えるプラス効果を科学的に分析・評価する研究が進んでいる．医療分野の研究と融合した新しい研究領域として注目を集めている．

### 2.3.6　国際援助・国際貢献

　国際協力機構（JICA：Japan International Cooperation Agency）は発展途上国を中心に，経済，産業，文化などさまざまな分野での人的支援活動を行っている．農業は国際協力機構が行っている重要な支援活動の一つで，これまでにアジア，アフリカ，中東，中南米等に青年海外協力隊，あるいは経験豊富な人材をシニアボランティアとして派遣し，農業の支援活動を行っている．ペシャワール会の現地代表で医師の中村哲氏は，現地で凶弾に倒れたが，アフガニスタンの医療活動と同時に，灌漑施設の建設に力を注ぎ，砂漠化した土地に一面の緑茂る畑をよみがえらせた．支援される国，地域は，紛争などの社会的混乱，自然環境の悪化，農業技術の不足，乏しい経済力など，状況はさまざまであるが食料不足や栄養不足などの問題を抱えている．農業の国際援助，支援は，それらの地域における作物生産活動を支えることで，地域の人々の生活や健康の改善・向上が図られ，地域・国の発展につながる．なお，農業支援は大学などの試験・研究機関，企業あるいは民間の支援団体によってもなされており，これらの活動を通じ支援する側，支援される側，相互の信頼関係が築かれていく．

灌漑施設
日本は年間降水量の多い国であるが，降雨が集中すること，急峻な地形で降った雨が速やかに海に流出するため，安定的かつ十分な量の水を田畑に供給するためには，水を確保するためのダム，ため池の造成や，河川から水を取り込む取水堰，耕地へ運ぶ用水路など多くの施設が必要となる．

### 2.3.7　「農」ある生活の提案

　都市住民の中には，マンションなどの住まいと職場との間を往復するだけで，一度も土を踏まないで生活している人が少なくない．しかし，ホームセンターに行くと，休日には野菜苗，花苗，そして実のなる果樹苗を買い求めに来るたくさんの客でにぎわっている．客層は決してお年寄りばかりでない．貸農園は都会の住民には人気がある．農山村地域で開催される農村都市交流のイベントに参加し，いろいろな体験ができる機会も増えている．農家が提供する宿泊施設に滞在し，農作業体験や農家レストランで食事をしたり，農産物直売所で採れたての新鮮野菜を買ったり，自然とふれあったりすることができる．このような農村住民と都市住民との交流は農村の地域活性化のみならず，自然豊かな環境で時を過ごす喜びを実感したい都市住民にとっては，貴重な憩いの体験となっている．

グリーン・ツーリズム
グリーン・ツーリズムとは「緑豊かな農村地域において，その自然，文化，人々との交流を楽しむ，滞在型の余暇活動」のことで，わが国では平成に入ってから農村活性化を主たる目的として推進された．農村に滞在するための農家民宿を促すために，種々の規制緩和が行われた．

　さらに，農村に行けばイネがどのようにして作られているのか，イネが栽培できる環境とはどのようなものか，農村にどのような習慣，祭りなどの祭事，食文化があるのか，人々はどのような生活をしているのかを学ぶことができる．農村は農業生産活動，農村社会と自然環境，そしてそれらの関係を

理解する大切な学びの場でもある.

## 2.4　農学・農業発展の光と影

「緑の革命」により, 穀物生産量が飛躍的に増加し多くの人々が飢餓から救われた. 収量性の高い短稈性コムギおよびイネ品種の開発, 化学肥料の開発, 農薬の開発, そして灌漑施設の整備によって達成された穀物増産であり, その功績は多大である. 一方では塩類が集積した作付け不能な農地が拡大したこと, 貧困な農家に化学肥料の使用を強要することになりかえって, 農家経営を圧迫したとの指摘もある. しかし, 穀物生産量を向上させ, 農民の労働負荷と労働時間を劇的に減少させる化学肥料や農薬の使用なしには, 増加し続ける世界の人口を養うことは不可能といわれる. 稲作において除草にかかる10 a当たりの労働時間は1960年では26.8時間であったものが, 除草剤の使用により2010年には1.4時間となり大幅に削減された. 労働時間の削減は作業者の肉体的負担を軽減させるだけでなく, 人件費を含む生産コストの抑制にもつながる. (社)日本植物防疫協会が公表している資料（病害虫と雑草による農作物の損失）によれば, 農薬を使用しなかった場合の作物の平均減収率は, 水稲で24%, キャベツで67%, リンゴで97%と, 園芸作物での減収率が際立っている. 施設内で周年栽培されるトマトでは, タバコココナジラミが媒介するウイルス病の黄化葉巻病が全国で発生し, 深刻な問題となっている. 施設内へのタバコココナジラミの侵入やタバコココナジラミがついた植物の持ち込みを徹底的に排除しなければならないが, 農薬散布など対処, 予防が遅れると瞬く間に蔓延し, 壊滅的な打撃を被る.

　水田ではこれまでの除草剤や殺虫剤などの多用が, 昔はごく普通に見られた水生昆虫や水生植物・水田雑草の減少・絶滅の一因になったことも事実である. レイチェル・カーソンは1964年に著した『Silent Spring（邦題：沈黙の春)』で農薬による環境汚染を, 日本では有吉佐和子が朝日新聞に1974～1975年にかけて連載した小説「複合汚染」の中で農薬などの種々化学物質による環境破壊や健康被害の実態を伝え, いずれもベストセラーとなった. 記述内容に誤りがあるとの指摘が一部あるものの, 人々がよく認識していない社会で実際に進行している汚染の実態とその深刻さを知る大きなきっかけとなった. 雑草を枯らす目的で使用されるべき除草剤が, 戦争の道具にされた歴史がある. ベトナム戦争時, アメリカ軍と南ベトナム軍は, ベトコンと呼ばれたゲリラ部隊が隠れ場としている森林を枯らし, 同時に彼らの農業基盤である耕作地域を破壊する目的で枯葉剤を上空から散布した. 枯葉剤には動物実験で催奇形性が確認されている猛毒のダイオキシンの一種TCDD（2,3,7,8-テトラクロロジベンゾ-1,4-ジオキシン）が含まれていた.

散布強化された1966年以降, 異常児の出産が激増した.「ベトちゃんドク
ちゃん」の名で日本でもよく知られた結合性双生児も, 散布された枯葉剤が
原因であると考えられている.

**緩効性肥料**
土壌に施用後, 肥料成分が
ゆっくり溶け出すように
加工された肥料で, 肥効が
長く続き肥料の利用効率
が高まる. 緩効性肥料には
肥効期間, 肥料成分などが
異なるものがあり, 作物,
作付け時期, 施肥タイミン
グに応じ使い分けること
ができる.

　化成肥料は取り扱いやすく施肥効果も高い. 現在は, 有機物由来の肥料や
作物ごとに適した成分比率の化学肥料, 時間をかけて肥効が継続する緩効性
肥料など, さまざまな肥料が製造・販売されている. 硝酸態窒素肥料やリン
酸肥料は施肥効果が高い上に, 過剰障害が出にくいこともあり多施与される
傾向がある. しかし, 施した肥料成分のすべてが作物に吸収されることはな
く, わが国のように降雨の多いところでは溶脱量も多い. 有機物の施与が少
なく化学肥料ばかりを土壌に与えていると, 土壌の生物相が単純・貧弱にな
り, その結果, 土壌の化学性・物理性までもが劣化し作物生産には適さない
状態になる. 過剰に肥料が耕作地に投与されると肥料成分の溶脱, 河川への
流入が起こる. その結果, 富栄養化により水生植物の異常発生や赤潮の発生
など, 水質悪化を引き起こす. また, 野菜栽培などの施設内では耕作の継続
で吸収されずに残った栄養塩類が降雨による流出もなく蓄積して, 作物の生
育を阻害するいわゆる塩類障害が発生することもある.

**土壌消毒**
土壌消毒は土壌伝染性の
病気が発生した土壌で耕
作を続けるため, あるいは
土壌伝染性病害の発生予
防に行われる. 土壌消毒に
は太陽熱消毒や薬剤によ
る土壌消毒のほかに, 有機
物を土壌に混入し, それを
餌にして増殖する微生物
の働きで病原菌の増殖を
抑えたり死滅させたりす
る方法もある.

　農薬, 化学肥料の利用が現在の農作物生産を支えているが, 生物農薬, 天
敵利用をはじめとした化学農薬に頼らない防除法の開発, 農薬使用を減らす
減農薬栽培法の開発, 土壌消毒から解放される養液栽培の普及, 環境に負荷
をかけない, 負荷の少ない農業技術開発の可能性は残されている. オランダ
では, 養液栽培の一方式であるロックウール栽培 (図2.4) が導入されるま
では, 土壌消毒剤による土壌殺菌が不可欠であった. しかし, 環境意識の高
まりから土壌を用いない, 培地の殺菌のために農薬を使用しないロックウー
ル耕を導入した. 導入されたロックウール栽培システムがトマトの生育を促
進する優れた栽培法であったことはもちろんのこと, 豊富な天然ガス資源,

図2.4　大面積のフェンロー型ガラスハ
　　　　ウス内でロックウール栽培され
　　　　ているトマト

高度な環境制御システムの開発，採光性に優れたハウス構造，果実生産効率の高い品種育成などがあって，驚異的な高収量を達成した．しかし，この高収量を達成するきっかけは，ほかでもない農薬に頼らざるを得なかった農業からの脱却だったといえる．

## 2.5　地球温暖化と農業

　産業革命以降，化石燃料の大量消費により$CO_2$が大気に放出された結果，$CO_2$濃度は産業革命前の280 ppmから1.5倍の420 ppmに上昇した．$CO_2$濃度の上昇とともに，世界の平均気温は産業革命前と比べ1.2℃高くなった（世界気象機関（WMO））．地球温暖化は，猛暑，干ばつ，集中豪雨などの異常気象により農作物の栽培が継続困難になるレベルから，栽培適地の移動・減少や病害虫の発生，高温障害の発生など生産を不安定にさせるレベルまで，農業に与える負の影響は大きく多方面に及ぶ．イネでは高温による乳白米・心白米などの白未熟粒の増加，果菜類，果樹では種々の生理障害，着色不良，果肉軟化の発生が増加する．温暖化により降雪量・積雪量が減少することで，莫大な水の貯蔵容量が減少し，広大な果樹園では春からの旺盛な成長に必要な水分が不足し木々の生長が抑制される．日本はハウスを利用した野菜の周年栽培，施設園芸が盛んであるが，近年の夏季の記録的な高温は品質低下，収量低下を招き経営を不安定にしている．家畜家禽では，高温は，熱中症による家畜の死亡，飼料摂取量の低下による乳量の減少，伝染病を媒介する蚊やダニなど発生を引き起こす原因となる．

　高温障害の回避は，有効な対策と解決が急がれる課題である．穀物のみならず，園芸作物の育種において，耐病性と同様，高温耐性・耐乾性は重要な育種目標の一つである．温室などの施設を利用する栽培では，細霧冷房など高温期のハウス内気温の上昇を抑制するための施設や設備の導入も進められている．

## 2.6　社会の要請に応える農学，農業

　2011年3月，東北地方太平洋沖地震の発生で原子力発電所が大事故を起こした結果，大量の放射性物質で土壌が汚染され耕作不能となった田畑が広い範囲に及んだ．福島県などでは土壌を使わない農法，養液栽培に農業復興の期待が寄せられ，ガラスハウスの建設と養液栽培施設の導入が進んだ．耕作に適さない土地でも作物生産ができることが養液栽培の長所の一つであるが，まさか，このような大事故で養液栽培が導入されるとは想像もしていな

ダッチライト型ハウス
ダッチライト型ハウスはフェンロー型ハウスとも呼ばれ，軒が非常に高く，オランダのように太陽高度が低い高緯度地域でできるだけたくさんの光をハウス内に取り込むために発達した．トマトの生産性，作業性が向上することから，近年は日本でも本構造のガラスハウスでのトマトの養液栽培が増加している．

地球温暖化研究とノーベル賞
二酸化炭素濃度の上昇が地球温暖化に影響するという予測モデルを世界に先駆けて発表した真鍋淑朗氏が2021年のノーベル物理学賞を受賞した．ノーベル賞選考委員長が「真鍋氏のこの予測がなければ$CO_2$削減の議論はなかっただろう」と述べたとのこと．

細霧冷房とドライミスト
ミスト発生装置から噴出する水の粒径が十数ミクロンと小さなドライミスト（超微粒ミスト）を高温期のハウス内で噴霧すると，細霧冷房の欠点であったハウス内の濡れ，葉の濡れをほとんど起こさずに，より高い昇温抑制効果が得られる．

かった．養液栽培は作物の成長速度が速いこと，施肥効率が高いこと，栽培管理の自動化が図れることなど，その他多くの長所がある栽培方法である．培養液組成を変えることで，収穫物の栄養塩類濃度を制御することが可能である．たとえば腎臓病で人工透析治療を受けている人々は1日に摂取できるカリウム量に上限があるが，養液栽培で施肥を工夫することでこの人たちが安心して食べられるカリウム含量の低いメロンやトマトを作ることができる．ここでは養液栽培の例を挙げたが，地球レベルの食料問題の解決だけでなく，求める人の多少に関わらず，特別な品質を備えた農作物や食品を必要とする人々の要求に応え提供することも農学と農業が果たすべき役割でもある．近年，農業の世界にも情報通信技術（ICT）や人工知能（AI），作業ロボットなどの先端技術が取り入れられようになって「高収量」，「作業時間の短縮」，「栽培環境制御や農作業精度の向上」，「軽作業化」が加速している．これら先端技術の農業への導入は農業従事者の高齢化や労働力不足など，いまの日本が直面している課題の解決に大いに寄与するであろうし，同時に，農業への関心が高まり，日本農業，農業ビジネスが成長する契機になると期待される．

　いま，世界では人口が増加し続けている一方で，穀物生産の増加を阻む地球温暖化や耕作地の劣化が進んでいる．さらに，環境に負荷をかけない持続性の高い農業生産活動の実践など，多くの課題に直面している．これからの「農学」は農業と農業生産を中心に生命科学，環境科学，地球科学さらには医学といったより広範囲の研究領域と融合し，直面している課題の解決と農業の発展に寄与しなければならない．

**低カリウムメロン**
カリウムイオン濃度を通常の1/4に薄くした培養液でメロンを栽培したところ，果実の大きさ，糖度（甘さ）は慣行法に比べ差がなく，カリウム濃度を40％抑えることができた（Asao *et al.*, 2013）．

# 文　献

井出留美（2021）食料危機，PHP新書．
大内　力（1990）農業の基本的価値，家の光協会．
筑波常治（1987）日本の農書，中公新書．
原　剛（2001）農から環境を考える，集英社新書．
藤原辰史（2020）戦争と農業，インターナショナル新書．
山末祐二 編（2008）作物生産の未来を拓く，京都大学学術出版会．
Asao *et al.*（2013）*Sci. Hortic.* **164**: 221-231.
Hata *et al.*（2012）*Environmental Exp. Bot.* **75**: 212-219.

# 農業生産におけるテクノロジーの進歩
## ―作物生産のテクノロジーを中心に―

川崎 通夫

〔キーワード〕　単収の増加，環境保全型農業，持続可能な農業，省力・低コスト化，施設栽培，スマート農業

農業では主に作物や家畜などの生産が行われる．この作物とは，人が利用することを目的として，水田や畑などの特別に準備された場所で栽培（保護・管理）された植物のことである．作物は，野生植物とは異なり，世の中のニーズに応じて植えられ，さまざまなテクノロジーにより生産されてきた．農業生産に関するテクノロジーは，農業を取り巻く情勢に合わせ，時代とともに進歩してきた．この章では，近代以降の農業を取り巻く主な情勢について簡単に触れた後，主に農業の中でも作物生産に関するテクノロジーを①作物における単収の増加，②環境保全型農業と持続可能な農業，③日本における稲作の省力・低コスト化，④施設栽培，⑤スマート農業の五つのトピックに分けて概説する．近年では，ロボット技術やICT（information and communication technology; 情報通信技術）などの先端技術を活用し，超省力化や高品質生産などを図るための新たな農業，すなわちスマート農業が推進されている．スマート農業は，上記の①から④までに関わる場合もあるが，新たな農業分野として注目されているため，この章ではスマート農業について一つのトピックを設けて記載した．

テクノロジー
テクノロジーとは，大辞林第四版（松村 明・三省堂編修所，2019）によると「科学技術．また，科学的知識を利用する方法論の体系」とされている．また，Oxford Advanced Learner's Dictionary 第9版（Oxford University Press, 2015）では，テクノロジーは産業で実際に使われる科学知識であり，これを用いて考案された machinery（機械）や equipment（装置・用具・設備）も意味することが示されている．

## 3.1　近代以降の農業を取り巻く情勢

World Population Prospects 2019（United Nations, 2019）によると，世界の人口は，1950年でおよそ約25億人であったが，2021年には約79億人になり，2100年では約109億人になると予測されている．したがって人類は，食料や生活資材の原料となる作物の生産量をこれまで増やしてきたが，今後も増やし続けていく必要がある．また，近年では食肉やバイオ燃料の消費量が増加しており，これらの原料となるトウモロコシなどの生産量も増やさなくてはならない．しかしながら，世界の利用可能な土地には限りがあり，すでに農耕地を大きく広げることは難しい状況となっている．

バイオ燃料
生物資源を原料とする燃料のこと．バイオエタノール，バイオディーゼル，バイオガスなどがある．これらの燃料を使った際に排出される二酸化炭素の量と原料の生物が成長過程で吸収した二酸化炭素の量が等しくなる（カーボンニュートラル）とみなされ，地球環境への影響が小さい燃料とされている．

　世界には農耕地として適さない場所も多い．したがって，作物の栽培可能な地理的範囲を広げたり，栽培に不向きな場所で作物の収量や品質を向上させたりするには，栽培環境を制御することが有効となる．また，農業は産業であるとともにビジネスでもあり，多くの作物が市場で評価され，輸出入品目にもなっている．これらのことから，人類は作物の収量を増やすことだけではなく，環境を制御するための施設等を利用して高品質な作物を効率的に生産することも求められてきた．

　近年では，地球温暖化が進み，各地で発生した異常気象が農業へ影響を及ぼしている．一方で農業は，環境に大きな負荷をかけている産業の一つである．農業機械や温室などのボイラーの使用，作物の貯蔵や輸送，化学肥料，農薬，農業資材・機械の製造などの際には化石燃料や電力が使われ，温室効果ガスである二酸化炭素が大量に放出される．また，農耕地に施された窒素肥料の一部は，硝化菌や脱窒菌により変化を受ける過程で亜酸化窒素（一酸化二窒素）となって大気中へ放出される．亜酸化窒素は，100年間あたりの地球温暖化係数が二酸化炭素の296倍となる温室効果ガスである．さらに亜酸化窒素は，オゾン層を破壊する効果の高い物質としても知られている．また，ウシなどの反芻動物の家畜のゲップや嫌気（酸素の少ない）環境を好むメタン生成菌が多く生息する水田からは，メタンが大気中へ放出される．メタンも温室効果ガスであり，その100年間あたりの地球温暖化係数は二酸化炭素の25倍である．

**地球温暖化係数**
一定期間において，同じ質量の二酸化炭素を1とした時の温室効果の程度を示す係数．一般的には，100年間における値で示されることが多い．

　過剰な施肥による余分な窒素・リン酸肥料および不適切に処理された家畜糞尿などから出てきた硝酸とリン酸の両イオンにより，河川，湖沼，内湾などで富栄養化による問題が引き起こされることもある．その他に，農地開墾による森林減少，生物多様性の減少，不適切な農薬の使用による健康と生態への被害など，農業は様々な問題の要因となっている．そのため近年では，環境への負荷を低減し，持続可能な農業を行うことが求められている．2015年に国連サミットで採択されたSDGs（sustainable development goals; 持続可能な開発目標）は，国連加盟193か国が2016年から2030年の15年間で達成するために掲げられた目標である．したがって，現在は農業分野でもSDGsに応じた取り組みが求められている．SDGsで掲げられる17の目標の中で，2番目の「飢餓をゼロに; 飢餓を終わらせ，食料安全保障及び栄養の改善を実現し，持続可能な農業を促進する」は，特に農業や作物生産と関わりの深いものではないだろうか．

　日本においては，2020年農林業センサス（農林水産省，2021）に示された2020年2月1日時点でのデータによると，全国の農業経営体数は，107万6千で5年前に比べて30万2千（21.9%）も減少している．この農業経営体のうち，個人経営体数は103万7千で5年前より30万3千（22.6%）も減少し，逆に多くを法人経営体が占める団体経営体の数は3万8千で5年前より1千

（2.8%）ほど増加した．また，個人経営体の基幹的農業従事者（主に自営農業に従事する世帯員）は，136万3千人で5年前より39万4千人（22.4%）も減少している．この基幹的農業従事者においては，平均年齢は67.8歳で，65歳以上が占める割合は69.6%であり，5年前より4.7ポイント上昇している．このように日本では，個人農家の減少と高齢化が著しく進み，一方で農業法人（会社・農事組合）が増えている傾向にある．

## 3.2　農業生産に関わるテクノロジーとその進歩

### 3.2.1　作物における単収の増加

近代以降，人類は世界で農耕地を大きく広げられなくなったことから，単位面積当たりの収穫量，つまり単収を増大させていった．また，収量という用語があるが，収量には生物学的収量と経済的収量があり，前者は植物全体の生産量で，後者は経済的利用を目的とした植物部位の収穫量である．収量は，収穫された利用目的部位の単位面積当たりの重さで示される場合が多く，t/haやkg/10 aなどの単位をつけて表され，単収と同じような意味で使われることもある．以下に近代以降の作物における単収の増加要因となった主なテクノロジーに関して概説する．

#### a．化学肥料

19世紀にドイツの化学者リービッヒは，植物生長には窒素（N），リン酸（P），カリウム（K）の3要素が必須であるとし，植物の生育はこれら3要素のうち最も不足するものに左右され，最も不足する要素を施さない限り他の要素を施しても植物の成長は良くならないという最小養分律を提唱した．後にN，P，Kは，肥料で多量に利用される特に重要な成分として，「肥料の三要素」と呼ばれるようになった．イギリスの農芸化学者ローズは，リン酸肥料となる過リン酸石灰を作り出し，1843年には工場で生産を開始した．また，ドイツの物理化学・電気化学者ハーバーと化学・工学者ボッシュは，窒素肥料の原料となるアンモニアを合成する方法（ハーバー・ボッシュ法）を20世紀初頭に開発し，人類が窒素肥料を大量に生産することを可能にした．これら化学肥料の普及に伴い，作物の収量は飛躍的に増大していった．

化学肥料は，当初はN，P，Kの3要素のうち一つしか含まない単肥であった．後に肥料の3要素のうち2要素以上を含んだ複合肥料が開発された．複合肥料の中でも，肥料の3要素のうち2要素以上を含み2要素の合計が15%以上の量を含有したものは化成肥料（図3.1）と呼ばれる．化成肥料は，肥料の3要素の合計が30%未満の量を含有した普通化成と30%以上の量を含有した高度化成に分けられる．さらに肥料成分の溶け出す速度が調節可能な肥効調節型肥料が開発され，化学肥料は利便化や高性能化されてきた．また，

**ha と a**
農業では土地の面積を表す単位として ha（ヘクタール）や a（アール）がよく用いられる．1ha は1万 m$^2$，1a は100m$^2$である．また，日本では尺貫法の単位である反（たん）（1反は約991.7m$^2$）や坪（つぼ）（1坪は約3.3m$^2$）などが使われる場合もある．アメリカでは ac（エーカー）がよく使われ，1ac は約4046.9m$^2$である．

図3.1　化成肥料の包装袋の模式図
化成肥料の包装袋には，8-8-8，10-10-10，14-14-14などの数字が表示されている．14-14-14の場合は，N，P，Kの各成分が14%ずつ含まれていることを示す．また，窒素固定を行うダイズやサツマイモの栽培用として5-15-20や4-10-10と表示されたNの含有率を少なくしたものもある．

作物科学や栽培学の進展に合わせてさまざまな施肥方法も開発された．施肥方法では，作物を植え付けるときあるいはそれに先立って肥料を施す元肥法が基本ではあるが，作物の生育途中に肥料を施す追肥法も発達していった．さらには作物の肥料吸収効率の良い箇所に施用する局所施肥法（図 3.2）や葉に肥料溶液を撒布する葉面撒布法なども開発された．

### b.　農薬

日本では，農薬とは，作物を害する菌，線虫，ダニ，昆虫，ネズミや雑草などの動植物，ウイルス等の防除に用いられる薬剤や作物等の生理機能の増進や抑制に用いられる植物成長調整剤等の薬剤のことである．さらに，作物の病害虫を防除するための天敵も農薬とみなされ，これは生物農薬と呼ばれる．農薬は，古くは除虫菊やタバコ由来の硫酸ニコチンなどが殺虫剤として使用されていた．1873 年にはブドウのべと病に対して硫酸銅と石灰の混合物が有効であることが発見され，その溶液はボルドー液として現在でも広く知られている．このように古くは天然物や無機物を中心とした農薬が使われてきた．

1938 年になるとスイスの化学者ミュラーがジクロロジフェニルトリクロロエタン（DDT）に殺虫活性があることを発見した．DDT は，大量生産可能で実用化したはじめての化学合成農薬であるといわれている．また，2,4-ジクロロフェノキシ酢酸（2,4-D）を用いた除草剤が 1946 年に登場した．これは単子葉類のイネ科作物などにはほとんど影響を与えず，その周囲の双子葉類の雑草を枯らす選択性除草剤である．第二次世界大戦以降では，多種多様な化学合成農薬が開発され，作物生産の効率が一段と高まることになった．

### c.　作付体系と栽培技術

作付体系とは，農耕地における土壌養分や気象条件などの自然資源と土地や労働力などの社会的資源を最適に利用するための生産システムのことである．狭い意味では，農耕地における作付順序（栽培する作物の順序）と作付様式（栽培する作物の配置・組合せ）を考慮した作付方式のことを指す．作付順序の方式では，同じ農耕地で，同一作物種を連続して栽培する連作と規則的な順序で異なる作物種を栽培する輪作などがある．また，同じ農耕地において 1 年間で，同一作物種を 2 回，3 回と栽培することをそれぞれ 2 期作，3 期作と呼び，異なる作物種を 2 回，3 回と栽培することをそれぞれ 2 毛作，3 毛作と呼ぶ．作付様式は，同じ農耕地で，単一作物種のみを栽培する単作と 2 種類以上の作物種を全期間あるいは一部の期間に並行して栽培する間作や混作に大きく分けられる．

作物体系は，世の中の情勢や学術・技術の発達に伴い進歩してきた．中世のヨーロッパで普及した三圃式の輪作は，冬穀物（秋播きのコムギ，ライムギ）の栽培，夏穀物（春播きのオオムギ，エンバク，キビ）の栽培，休閑（家畜の放牧）の順にローテーションして行われ，連作障害を防ぐとともに

**追肥**

水稲栽培の追肥には，各生育期間の栄養状態を改善するため，苗の移植直後に行う「活着肥（根付け肥）」，移植後 1 ヶ月頃に行う「分げつ肥（つなぎ肥）」，幼穂形成期に行う「穂肥」，出穂後に行う「実肥」などがある．農家ごとに必要に応じてこれらの追肥が選択され，施されている．

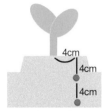

4cm
4cm
4cm

●は肥料を示す．

図 3.2　局所施肥のイメージ

**選択性除草剤**

ある植物種には効果が高く，その他の植物種には影響がないか効果が低い除草剤のこと．2,4-D は，植物ホルモンであるオーキシン様の作用を有し，オーキシン感受性の高い双子葉植物の茎頂に強く作用して異常な細胞分裂を引き起こす．その結果，双子葉植物だけが枯死することになる．

**連作障害**

連作により次第に作物が生育不良となっていく現象を指す．連作すると特定の細菌，ウイルス，線虫などが土壌中で増加することで作物に被害を及ぼす．また，連作で土壌中の特定の化学成分に偏りが生じてくることも連作障害の一つの原因とされている．

休閑期の放牧で地力低下を抑制することを目的として行われた．その後，休閑期に窒素固定を行うマメ科の牧草・作物を導入した改良三部式の輪作が生まれ，化学肥料が普及してくると休閑が省略される場合が多くなった．現在は，地域や作物ごとに適した高度な作付体系が開発・導入され，それを基盤とした多様で細やかな栽培技術の発達が，作物生産の効率の向上と安定に多大な貢献を果たしている．また，作付体系は，持続的に農耕地を利用する観点からも極めて重要なものであるといえる．

### d. 緑の革命

緑の革命とは，デジタル大辞泉（小学館，2021年5月時点）によると「1960年代に進められた稲・小麦などの多収量品種の開発と，その導入によってもたらされた開発途上国における農業技術の革新」のことである．緑の革命では，国際イネ研究所で開発された「ミラクルライス（奇跡の米）」と呼ばれる水稲多収量品種のIR-8や国際トウモロコシ・コムギ改良センターで開発された多収量コムギ品種が導入された．さらに緑の革命においては，化学肥料，農薬，農業機械，灌漑設備などの生産基盤，栽培等に関する様々なテクノロジーも合わせて利用されたことにより，大幅な作物収量の増大が達成された．

### e. 遺伝子組換え作物

遺伝子組換え作物とは，遺伝子組換え技術を用いて遺伝的性質の改変が行われた作物のことである．1994年に遺伝子組換え作物のトマト品種Flavr Savrがアメリカで市販されて以来，遺伝子組換え作物の栽培面積は，世界で急速に拡大し，2019年では世界29か国で合計1億9000万haとなった（International Service for the Acquisition of Agri-biotech Applications, 2020）．これは世界の農耕地面積の約14%となる．主要な遺伝子組み換え作物は，除草剤耐性，害虫抵抗性，あるいはそれら両方の性質を有するダイズ，トウモロコシ，ワタおよびナタネである．除草剤耐性の作物では，除草剤だけで十分な除草が行えるため，小型の耕耘機などで作物間の除草を行う必要がなく，狭畦栽培（畦幅を狭くする栽培）が可能となり，土地利用効率の高い栽培ができる．また，害虫抵抗性の作物では，農薬を使わなくても高収量が確保されやすい．これらの形質は，現在における作物収量の増加や安定に大きく寄与している．従来の植物育種や遺伝子組換えに加え，今後はゲノム編集やエピジェネティックスに関する技術も，作物生産の向上において期待されている．

## 3.2.2 環境保全型農業と持続可能な農業

前述の通り，人類は作物の生産効率の向上を追求してきたが，その過程において環境に大きな負荷をかけ，諸種の環境問題を引き起こしてきた．そこで世界では1992年の環境と開発に関する国連会議のスローガンである「持

有機農業

多くの国で法律により定義づけられている．日本では，「有機農業の推進に関する法律」（2006年施行）において，有機農業とは「化学的に合成された肥料及び農薬を使用しないこと並びに遺伝子組換え技術を利用しないことを基本として，農業生産に由来する環境への負荷をできる限り低減した農業生産の方法を用いて行われる農業」とされている．有機農産物の日本農林規格（有機JAS）では，有機農業で生産された農産物の具体的な基準が示されている．有機JASで認証された事業者のみが有機JASマーク（図3.3）を農産物に表示することができる．

登録認定機関名

図3.3　有機JASマーク（見本）

緑肥

植物体が腐る前に土壌中にすき込んで肥料とするものを緑肥という．緑肥にするために栽培される作物は緑肥作物と呼ばれる．窒素肥料としての役割の他，土壌に有機成分を供給し，有用微生物を増殖させる効果もある．さらに土壌の団粒化や透水性などの物理性の改善，土壌病や線虫による害を抑制するなどの効果が期待されている．緑肥作物にはレンゲ，クローバー類などのマメ科作物やエンバク，ソルガムなどのイネ科作物，その他にマリーゴールドやヒマワリなどがある．

続可能な開発」から派生した用語である「持続可能な農業」が注目されることになった．持続可能な農業のシステムは，経済協力開発機構においては「農業資源および農業の影響を受ける資源を向上させるか，少なくとも悪化させない仕方で，自然の物理的または生物的サイクルと相互作用しあえるシステムであって，同時に農場の経営活力の持続を確保するのに十分な報酬の得られるシステム」（農山漁村文化協会，2005）とされている．持続可能な農業に関係する主な考え方や運動には，循環型農業，有機農業，地産地消などがあり，これらは現在のSDGsに関する取り組みの一部として引き継がれている．

日本では1992年に農林水産省の政策「新しい食料・農業・農村政策の方向」ではじめて環境保全型農業という用語が用いられ，後に環境に配慮した農業が全国的に推進されることとなった．環境保全型農業は，「農業の持つ物質循環機能を生かし，生産性との調和などに留意しつつ，土づくり等を通じて化学肥料，農薬の使用等による環境負荷の軽減に配慮した持続的な農業」とされている（農林水産省，「環境保全型農業の基本的考え方」より）．日本においては，1999年に施行された「持続性の高い農業生産方式の導入の促進に関する法律」（通称「持続農業法」）に定められた農業の生産方式が，環境保全型農業の技術的な基礎となっている．この法律において具体的な持続性の高い農業生産方式の構成技術が記されており，その内容について以下のa〜cで概説する．

　a.　土作りに関する技術

　この技術には有機質資材施用技術と緑肥作物利用技術が含まれる．これらの技術は，堆肥等の有機質資材を土壌に入れ，あるいは生長中の植物を緑肥として土壌にすき込み，土壌の物理・化学・生物学的性質を良好に保ち，可給態窒素等の養分を作物に持続的に供給するものである．農地における土壌の性質を総合的に改善し，農地の持続的利用を可能にする技術として期待されている．

　b.　化学肥料低減に関する技術

　この技術には局所施肥技術，肥効調節型肥料施用技術，有機質肥料施用技術が含まれる．局所施肥技術と肥効調節型肥料施用技術は，化学肥料の施用効率を高めるものである．また，有機質肥料施用技術は，動植物由来の肥料を利用し，化学肥料の施用に代替するものである．これらの技術は，化学肥料の施用量を減少させる効果が高いものとされている．

　c.　化学合成農薬低減に関する技術

　この技術は，農薬の代わりにお湯を使う温湯種子消毒技術，機械除草技術，合鴨農法（図3.4）などの除草用動物利用技術，害虫の天敵を利用した生物農薬利用技術，対抗植物利用技術，被覆材で作物を覆う被覆栽培技術，フェロモン剤利用技術，マルチ栽培技術などの多様な技術で構成されてい

る．これらは，化学合成農薬の使用に代替するもので，その使用量を減少させることが期待されるものである．

日本においては，持続農業法に基づき持続性の高い農業生産方式の導入計画が適当であると認定された農業者に対し，「エコファーマー」の愛称名が付与される制度がある．エコファーマーになると，農業改良資金の特例措置が受けられる．2015年度からは「農業の有する多面的機能の発揮の促進に関する法律」に基づく制度として「環境保全型農業直接支払」が施行されている．これは，化学肥料・化学合成農薬を原則5割以上低減する取り組みと，合わせて行う地球温暖化防止や生物多様性保全等に効果の高い取り組みについて規定の条件を満たした農業者に対して交付金による支援を行うものである．対象となる主な取り組みとしては，有機農業，堆肥の施用，緑肥の利用，水田における長期中干しと冬期湛水管理，秋耕などがある．

以上のように近年では，環境への負荷を低減する栽培方法が推奨され，環境保全農業や持続可能な農業に関する多様な技術が開発されている．

### 3.2.3　日本における稲作の省力・低コスト化

日本では先述の通り，農業就業者の顕著な人口減少と高齢化が大きな問題となっており，農業生産のさらなる効率化が求められている．ここでは日本で最も基幹的な作物である水稲の省力・低コスト化に関する生産技術として，近年注目されている直播（じかまき・ちょくはん）栽培について取り挙げる．

直播栽培とは，水田にイネの種籾を直接播く栽培のことである．農林水産省の資料「最新の直播栽培の現状（令和元年産）」によると水稲栽培では，日本で広く普及している「移植栽培」（苗を水田に植える栽培）に比べて労働時間で約2割，10a当たり生産コストで約1割の削減効果があると報告されている．また，収穫期が1〜2週間程度遅れることから，移植栽培と組み合わせることにより作業ピークを分散し，担い手1人当たりの経営面積の拡大に有効である．しかしながら，直播栽培では，出芽・苗立ちの不安定性等により収量は移植栽培に比べて約1割低下するとの報告がある（最近では移植栽培と同等の収量が得られるとの報告もある）．直播栽培の水稲作付面積は，近年拡大しており，2017年度では全国で約3.3万ha（全水稲作付面積約146万haの約2.3%）となっている．

水稲直播栽培は，播種時の水田の状態により湛水直播と乾田直播の二つの方法に大別される．湛水直播では水田を湛水してから播種し，乾田直播では水田を湛水しないで播種する．以下に，近年導入されている主な直播栽培の方法を記す．

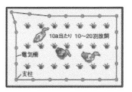

図3.4　合鴨農法の模式図（農林水産省，2007）

**対抗植物**
作物に有害な土壌中の線虫を減らす効果をもつもののこと．

**長期中干し**
中干しとは，稲作で水を落として田面に亀裂が入る程度まで乾かす作業のことである．根腐れや無効分げつ（穂を付けないか結実しない穂を付ける分げつ）の発生が抑制される．長期に中干しすると，嫌気条件を好むメタン生成菌が減少し，温室効果ガスのメタンの発生量が低減される．

**冬期湛水**
秋の稲刈りの後の冬期に水を張っておく田んぼの管理方法．雑草の抑草，生物多様性の向上，水鳥などの糞尿による養分供給などの効果があるとされている．

**秋耕**
稲作では，田を春に耕起せず，収穫後の秋に耕起することを意味する．温度が低い秋に耕起を行うことで，土壌中からのメタンの発生量が低減される．

#### a.　不耕起V溝直播栽培

　従来行われている移植栽培では，トラクターで耕起した後に，水田に水を入れて代かきしてから苗を移植する．一方，不耕起V溝直播栽培では，播種の間近に耕起が行われず，トラクターの後部に装着したV溝直播機を用いて乾いた田面に深さ5cm程度のV字型の溝が20cm間隔で切られ，その中に種籾と肥料が播かれる（図3.5）．種籾と肥料は，V溝直播機のチェーンの端に付いた分銅がV溝の上縁をなぞることで覆土される．その後，発芽したイネが2葉期まで生長したら水田に水を入れ，以降の作業は移植栽培とおおむね同様となる．この方法では，育苗および田植え（苗の移植）の作業が省略でき，これらに係るコストも削減できる．乾いた田面で大型機械による播種と施肥を一度に行うため，楽に短時間で作業を行える．溝の中に播種し覆土するため，播種位置が深く，安定した苗立ちや倒伏・鳥害の防止につながり，収量も移植栽培と同程度である．

**代かき**
田植えの前に水田に水を入れて土の塊を砕く作業のこと．肥料と土が混和され，田面が平らになって田植えが容易となる．また，水田の漏水を防ぎ，雑草の発生を低減させる効果もある．

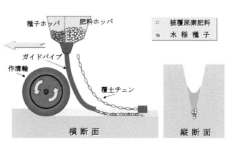

図3.5　不耕起V溝直播機（左）と播種様式の模式図（右）（愛知県総合農業試験場，2007）

図3.6　自動カルパーコーティングマシン
（写真提供　ヤンマーホールディングス株式会社）

#### b.　カルパーコーティング湛水直播栽培

　酸素発生剤であるカルパー（過酸化カルシウム粉粒剤）を被覆した種籾を湛水状態の水田に播く直播栽培である．カルパーの被覆にはコーティングマシン（図3.6，3.7）が用いられる．湛水直播栽培では，播種機で土中播種する場合と土壌表面に播種（表面播種）する場合がある．土中播種は，播種深度が深いためイネの倒伏や鳥害を低減すると考えられているが，種籾が酸素不足となり還元障害を受けやすいことが問題となっている．種籾にカルパーコーティングを行うことにより，土中播種で問題となる酸素不足と還元障害を軽減し，苗立ちが安定しやすくなる．

図3.7　種子コーティングマシン
（写真提供　株式会社啓文社製作所）
カルパー剤，鉄資材，べんモリ資材のコーティングが行える．

#### c.　鉄コーティング湛水直播栽培

　鉄粉と焼石膏で被覆した種籾を湛水状態の水田に播く直播栽培である．鉄コーティングすることで，水田に表面播種しても，種籾は重いため沈みやすくなる．鉄粉と焼石膏は，カルパーよりも安価である．鉄コーティングしていない種籾を湛水した水田に表面播種すると，カモに種籾を食べられたり，中干しなどの水管理で落水したときにスズメによる食害を受けたりする場合

がある．しかし，鉄コーティングすると，スズメがその種籾を好まなくなり食害が発生しにくい．そのため，必要に応じて水田の落水を行え，水辺を好むカモも遠ざかって鳥害防止につながる．また，種籾が沈み深い位置から根がはるため，倒伏被害が軽減されるとの報告もある．

**d. べんモリ湛水直播栽培**

べんがら（酸化鉄; $Fe_2O_3$）やモリブデン化合物などを混合したべんモリ資材を被覆した種籾（図3.8）を湛水状態の水田に播く直播栽培である．代かき以後における水田の土壌中は酸素不足になることがあり，その状態では窒素肥料である硫安などに含まれる硫酸イオンから有害な硫化物が生成され，苗立ちを悪くすることがある．モリブデン化合物は，この硫化物の生成を抑制する．また，べんがらを被覆することで種籾の重量を高めて流亡を抑制し，土壌に埋没されやすくなる．酸化鉄は酸素原子を含む化合物であるため，酸素の消失後に起きる種子近傍の還元の進行を軽減する．さらに還元の進行で生じた2価鉄イオン（$Fe^{2+}$）は，土壌中で発生する有害な硫化物イオンと結合して硫化鉄等となり不溶化させる．べんモリ資材はカルパーよりも安価で，一定の苗立ち安定効果を有する．土中播種できることから，倒伏や鳥害の軽減にもつながる．

その他，稲作の乾田直播栽培として，大規模圃場に適したプラウ耕鎮圧体系直播栽培などが知られている．また，近年，インターネットやICTを利用した稲作の省力化に関するさまざまなテクノロジーが開発されており，それらの一部については本章のスマート農業の項目中で紹介する．

### 3.2.4 施設栽培

作物の成長は栽培環境に大きな影響を受ける．栽培環境を決める主な環境要因には，非生物的なものとして地上では温度，湿度，日射量，日長時間および雨・風など，地下では土壌の養水分やpHなどがある．さらに，生物的なものとして，雑草，病害虫，鳥獣，土壌微生物などもある．これらの栽培環境を制御することは，作物の収量と品質を向上させる上で極めて有効である．そのため，施設栽培に関するさまざまなテクノロジーが開発され，発達を遂げてきた．施設栽培は，ポリ塩化ビニール，ポリエチレン，アクリル樹脂，ガラスなどで覆った環境内で作物を栽培することであり，栽培環境の制御による生産性や品質の向上を目的に行われる．以下に，主な施設栽培に関するテクノロジーについて紹介する．

**a. マルチ栽培**

マルチとは，マルチング（mulching）の略語であり，農業では土壌表面を被覆資材で覆うことを意味する．マルチ栽培は，ポリ塩化ビニールやポリエチレンのフィルム，稲わら等で土壌表面を被覆して作物を栽培することである．マルチの効果としては，地温の上昇や保温，土壌水分の保持，肥料の

図3.8 べんモリ資材「籾化粧」（上）と同資材でコーティングしたイネの種籾（下）
（写真提供 森下弁柄工業株式会社）

プラウ
トラクターで牽引し，圃場の土を耕起や反転するために用いられる．

流亡防止，土壌の団粒構造の維持などが知られている．さらに，雨風や栽培作業による土の跳ね上がりが抑えられ，土が作物の地上部に付きづらくなるため，収穫物の汚損防止や病害抑制にも効果がある．また，黒色のフィルムを使えば雑草の発生や繁茂を抑える効果もある．上面が白色で下面が黒色の白黒フィルム（図3.9）は，雑草の繁茂抑制に加えて，地温の上昇軽減の効果を有し，高温障害が気になる地域や作目に適している．

図3.9　白黒フィルムを用いたマルチ栽培
上面が白色，下面が黒色になっている．

　b.　べたがけ・トンネル栽培

　べたがけ栽培には，播種後や苗の定植後に一定期間，不織布や寒冷紗などで作物を直接覆う「直がけ」と支柱などを利用して作物に触れない程度に覆う「浮きがけ」と呼ばれる方法がある．トンネル栽培では，アーチ状のパイプや湾曲する支柱の両端を土壌に刺して骨格を形成し，その上を被覆資材で覆ってトンネル状の空間を作り，その中で作物を生長させる（図3.10）．どちらも保温・保湿，凍霜害の防止，風雨からの保護，病害虫害や鳥害の防止等の効果が期待でき，発芽の揃いが良くなり生育も早まる．

図3.10　トンネル栽培

　c.　ハウス・温室栽培

　農業において，ハウス（図3.11）は塩化ビニールやポリエチレンのフィルム，アクリル板などのプラスチックを用い，温室（図3.12）はガラスを用いて，外気を遮断し，その内部に人が入って作物栽培を行う構造物である．一般的にはハウスや温室を用いた栽培を施設栽培と呼ぶ場合が多い．空調用の窓やファン，暖房機などで気温をある程度調節できるものや二酸化炭素を肥料として施用できるものもある．近年では各種センサーやICTを利用してさらに高度に栽培管理できるものも登場している．

図3.11　ハウス

　d.　植物工場

　植物工場とは，施設内で植物の生育環境を制御して栽培を行う施設栽培の中で，特に環境と生育のモニタリングおよび高度な環境制御と生育予測を行うことにより，作物の周年・計画生産を可能とする栽培施設のことである．一般的には，養液栽培が行われる．植物工場は，閉鎖環境で太陽光を使わずに環境を制御する「完全人工光型」（図3.13）と温室等の半閉鎖環境で太陽光の利用を基本とし，人工光による補光も行える「太陽光利用型」の二つに大別される．

図3.12　温室

　植物工場の利点は，天候に左右されず，連作，雑草および病害虫による被害が起こりにくいため安定した生産が行えることである．また，栽培環境を最適化することで作物の成長を促進し，作目によっては短期間で出荷可能な状態となり，年に何回も生産される．大きさに合わせて植物体を移動させることで栽植密度を高め，さらに棚状に複数段配置して土地の利用効率を一層高めることも可能となる．管理の自動化やマニュアル化により，従来の農業経験が少なくても栽培可能であるといわれている．栽培環境や施肥の条件も自在に変えられるため，栄養分や機能性成分を高めたり，食味を変えたりす

図3.13 完全人工光型の植物工場
（写真提供 キヤノン電子株式会社）

ることも可能となる．都市内に設置すれば，収穫物の輸送コストも抑えられる．

完全人工光型では，栽培環境を常に最適化することが可能であるため高度な周年・計画生産が可能となるが，大きな初期投資が必要であり，ランニングコストも高い．太陽光利用型では，太陽光を使用することから完全人工光型と比べると高効率な生産ができないが，設備費用や光熱費などのコストは抑えられる．どちらも高額な生産費用により採算の合う作目は限定的であり，現在では養液栽培可能で年に何回も出荷できる栽培期間の短いリーフレタスなどの葉菜類の栽培が多い．

**e. 垂直農法**

近年提唱された，空間を垂直的に利用して農作物の栽培や家畜の飼育を行う方法のことである．垂直農法における作物栽培では，建物の階層や屋内に積層した栽培棚などで，植物工場のように温度，湿度，水，養分，光などの栽培環境が制御され，一般的には水耕栽培が行われる．垂直農法は，垂直的に生産面積を広げることで土地利用効率が著しく高くなり，都市内でも農産物を供給できるため注目されている．

### 3.2.5 スマート農業

スマート農業は，ICT，ロボット，AI（artificial intelligence; 人工知能），IoT（Internet of Things; モノのインターネット）など先端技術を活用する農業のことである．スマート農業は，様々な先端技術を既存の農業技術と組み合わせることにより，超省力化や高品質生産等を可能とする新たな農業として期待されている．以下に，近年において開発された主なスマート農業に関するテクノロジーについて紹介する．

**a. 無人自動運転トラクター**

トラクターは，牽引するための車のことであるが，日本では農業用トラクターを意味する場合が多い．農業用トラクターには乗用型と歩行型があり，

ともに圃場の耕起に用いられるが，前者では各種作業用の機械やトレーラーを引くためにも使用される．近年，GPSを用いた測位技術が進歩することで，高精度な位置測定が可能となった．GPS機器を搭載した無人自動運転トラクター（図3.14）では，事前に走行するルートや速度を設定することで，均一で重複の少ない作業が無人で可能となり，圃場の耕起等が効率化，省力化される．

図3.14　無人自動運転トラクター
（写真提供 株式会社クボタ）

**b.　可変施肥田植機**

イネは，窒素肥料を過剰に施すと育ちすぎて倒伏してしまう場合がある．倒伏すると，収穫しづらくなり，米の品質も低下する恐れがある．近年では，倒伏を低減する目的で可変施肥田植機（図3.15）が開発されている．この機械は，苗の移植と同時に，センサーで水田の肥沃度や深さ（作土深）を測り，自動で量を調節しながら肥料をまくことができる．肥沃土の高い場所や作土深の深い場所ではイネが育ちすぎることがあるため，施肥量を少なくすることで倒伏の低減が図られている．

図3.15　可変施肥田植機
（写真提供 井関農機株式会社）

**c.　収量・食味センサー搭載型コンバイン**

コンバインは，作物の刈り取りと脱穀を行う収穫用機械である．英語では刈取機と脱穀機を組み合わせた収穫用機械という意味でcombine harvesterと呼ばれ，コンバインはその略称である．近年では，収穫しながら収量を量るとともに食味センサーで米のタンパク質や水分の含有量を測定するコンバイン（図3.16）が市販されている．タンパク質の含有率が低いほど一般的にはおいしいとされ，窒素肥料が多すぎると米のタンパク質が増えやすい．収穫と同時に収量と食味を測ることで，翌年の水田ごとの適切な施肥量を計画することができる．

図3.16　収量・食味センサー搭載型コンバイン
（写真提供 株式会社クボタ）

**d.　V2Vを備えたコンバインとトラクター**

V2Vとは，vehicle-to-vehicleの略で，自動車同士が通信を行う車車間通信システムのことである．農業では，V2Vを導入したコンバインとトラクターが開発されている．人間が運転するコンバインに荷台を牽いた自動運転トラクターが併走や追従し，収穫と収穫物の積み込みを1人のドライバーで同時に行うことができる．この自動運転トラクターは，主にGPSや無線通信を使ってコンバインとの位置を調整しながら走行する．コンバイン1台で複数のトラクターを制御するシステムも開発されている．特に海外の大規模圃場では，この技術の導入により収穫作業効率の大幅な向上が期待される．

**e.　収穫ロボット**

野菜や果物の収穫作業においてもロボットの導入が進められている．アスパラガスの収穫ロボットは，すでに実用化されており，AIによりアスパラガスの画像認識を行い，収穫適期のものを判断して収穫する（図3.17）．また，トマトや果樹であるリンゴ，ナシ等の果実を自律式で収穫するAIロボットも開発されている．

図3.17　アスパラガスの収穫ロボット
（写真提供 inaho株式会社）

#### f. リモコン・ロボット草刈機

除草作業は，農業において重労働な作業の一つである．近年では，傾斜地や人が入りにくい耕作放棄地等でも除草を行えるリモコン遠隔操作型の草刈機が登場した．危険な場所での除草作業も安全に行え，作業時間・労力を大幅に低減できる．さらに近年，家庭でも見受けられるロボット掃除機のような自律走行するタイプの草刈機も開発され，さらなる除草作業の軽労化が図られている（図3.18）．

図3.18　ロボット草刈機（写真提供 和同産業株式会社）

#### g. 農業用アシストスーツ

アシストスーツは，モーターによるアシストや人工筋肉等による荷重分散効果により，重量物の持ち上げ・下げ時に腰や腕にかかる負荷を軽減する人体装着型の機械である．農業用としてコンテナなどの持ち上げ・下げ作業を補助するものが開発され，現場において使われてきている（図3.19）．

図3.19　農業用アシストスーツ（写真提供 株式会社クボタ）

#### h. 人工衛星を用いたリモートセンシング

リモートセンシングとは，離れたところから物を触らずに調べることである．青森県の津軽地方を中心として生産されるブランド米「青天の霹靂」の栽培では，2016年から人工衛星で撮影された水田の画像を利用して，イネの色で水田ごとの収穫適期の予測が行われている．さらに，イネの色から米のタンパク質含有量が，土壌の色から肥沃度が推定され，それぞれのデータを基に翌年の施肥量が見積もられる．これらリモートセンシングにより得られた情報は，良食味米を効率的に生産するために活用されている（図3.20）．

#### i. ドローンを用いた農薬・肥料撒布とリモートセンシング

農業分野では，農薬・肥料用のタンクやノズルを搭載し，作物上空を飛行して農薬・肥料を散布するドローンが活躍するようになってきた．また，ド

NDVI
（normalized difference vegetation index; 正規化植生指数）光合成を活発に行っている植物では，赤色波長域の電磁波はより吸収され，反射される近赤外線の量が多くなる．NDVIでは，赤色の波長域と近赤外線の波長域の相関関係を利用して以下の式で求められる．

$$NDVI = \frac{NIR - RED}{NIR + RED}$$

$NIR$ は近赤外域の反射率，$RED$ は赤色光の反射率．なお，NDRE（正規化レッドエッジ指数）と呼ばれる植生指数も近年登場した．NDRE は，葉緑素含量，葉面積，植物の病変などを調べるために，利用されてきている．

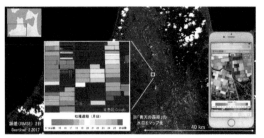

誤差（RMSE）2 日 Sentinel-2 2017

図3.20　人工衛星写真から収穫の最適日を予測して水田ごとに色分けしたマップ
（図の提供　青森県産業技術センター）

図3.21　リモートセンシング用ドローン
（写真提供　ヤンマーホールディングス株式会社）

ローンは，搭載したカメラにより高解像度の画像を撮影できるため，作物や圃場の細かな状態を観察することができる．さらに，マルチスペクトルカメラを搭載したドローン（図3.21）を用いれば，得られた画像からNDVIを算出し，作物の光合成が活発に行われているのかどうかを判定できる．このようなリモートセンシングにより得られた情報から，圃場における作物の生育ムラの表示，異常な作物の場所の特定，収穫適期の判断などが行えるシステムが開発されている．

**j.　栽培環境モニタリングシステム**

圃場やハウス・温室の環境（温湿度，日射量，風速，二酸化炭素濃度など）を各種センサーで自動測定し，パソコン，タブレット，スマートフォン等の情報端末において環境情報を確認するシステムも登場している．環境情報と連動した自動灌水やハウス・温室の天窓などの自動開閉を行うシステム等もある．データに基づく栽培により，作物の高品質化や収量の増加・安定化が期待される．また，離れた場所から圃場やハウス・温室内の環境を確認することが可能で，栽培管理の省力化にもつながる．

**k.　ICT を利用した生産・経営管理システム**

情報端末で作業計画や実績を記録し，情報共有や生産・経営を最適化するための分析なども行えるシステムが開発されている．さらに農業機械メーカーの中には，トラクター，田植機，コンバインなどに通信機が組み込まれ，これら農業機械を運転するだけで作業情報がクラウド（クラウドコンピューティング）内に集められるシステムが開発されている．これらのシステムの導入により，栽培計画・方法の改善，収量予測，生産コストの低減などを効率的に図ることができる．

## 3.3　お　わ　り　に

　以上のように農業生産に関するテクノロジーは，社会の情勢に応じて，農学とさまざまな学問との関わりや基礎から応用までの多くの研究成果によって進歩し，人類に大きく貢献してきた．今後も広範で多様な研究フィールドを有する農学は，農業生産に関わるテクノロジーの創出を期待される学問として重要であり，魅力的ではないだろうか．

## 文　　　献

愛知県農業総合試験場（2007）不耕起V溝直播栽培の手引き（改訂第4版）（農業の新技術74）.

海津　裕監修（2020）スマート農業の大研究―ICT・ロボット技術でどう変わる？, PHP研究所.

鈴木正彦編著（2012）園芸学の基礎（農学基礎シリーズ）, 農山漁村文化協会.

大門弘幸編著（2018）作物学概論 第2版（見てわかる農学シリーズ3）, 朝倉書店.

日本作物学会編（2010）作物学用語事典, 農山漁村文化協会.

農山漁村文化協会編（2005）施肥と土壌管理（環境保全型農業大事典1）, 農山漁村文化協会.

農林水産省（2007）平成18年度 食料・農業・農村白書.

農林水産省（2021）2020年農林業センサス報告書.

International Service for the Acquisition of Agri-biotech Applications（2020）Global Status of Commercialized Biotech/GM Crops in 2019, ISAAA Brief 55.

United Nations（2019）World Population Prospects 2019 Highlights. https://population.un.org/wpp/Publications/Files/WPP2019_Highlights.pdf

# 4 農業と地域開発
## —ベトナム中部での事例から—

田中　樹

〔キーワード〕　地域開発，暮らしの向上，生態系保全，社会的弱者層，小規模養豚，在来ミニブタ，野生鶏交配種，養蜂，ベトナム，地域資源

## 4.1　地域開発と私たち

　地域開発や農業開発，村落開発などのような言葉に触れることが多いものの，発展途上国での国際協力や日本国内での地域活性化について，それらがどのような内容の取り組みなのかをつぶさに知る機会はあまりないだろう．本章では，地域開発を学ぶ端緒として，ベトナム中部での事例を取り上げ，農業を軸とする地域開発において，さまざまな発想とその実践展開が，人々の暮らしの向上や資源・生態系の保全につながることを紹介する．一連の取り組みを知る中で，発想することの力強さと，それが研究者や専門家ではなく一般の農民や市民，学生でも実践できるということを知ってほしい．

### 4.1.1　対象地域の概要と直面する問題

　活動事例の舞台となるベトナム中部は，北部山間地域や中南部高原と並ぶ貧困地域であり，「脆弱環境（人間活動により容易に劣化する社会・資源・生態環境の場と状況）」のもとに置かれている．峻険な山地とそれに続く丘陵地，狭隘な平野およびラグーンという地形をもつ．熱帯モンスーン気候（ケッペン気候区分：Am）であり，年間平均気温は 28℃，年降雨量は 3,000 mm 近くになる．自然災害の常襲地でもある．台風の上陸頻度を例にとると，ベトナム北部では年に0.7回，南部で0.2回であるのに対して，中部では1.8回にも及ぶ（1951〜2010年の集計）．また，治水ダムによりひどい洪水はなくなったものの，床上浸水くらいの増水は毎年3〜4回の頻度で起こる．干ばつ年には，海岸近くの水田に海水が流入する塩害が発生する．

　比較的小規模で多様な農林水産業が営まれ，沿岸部のラグーンでは養魚，平野部では稲作，丘陵地から山間地にかけてはアカシアを中心とする林業が主な生業となっている．その一方で，ハノイ市やホーチミン市，近郊の都市への出稼ぎによる壮青年の人口流出が進み，これらの生業の担い手が女性や

老齢者となるいわゆる「三ちゃん農業」化が進んでいる.

　深刻なのは,日常の暮らしを支えあるいは貧困から脱却するための生業活動が,しばしば森林植生の消失や土壌の劣化を招き,緩慢ながらも生産基盤が失われ,貧困の度合いが深まり,さらに土地資源や生態環境を食い潰すという「貧困と環境荒廃の連鎖」の構図に陥る可能性があることである.そして,その影響は,特に社会的弱者層(少数民族,老齢者世帯,寡婦世帯,障がい者世帯,経済的貧困世帯など)でより強く顕著に現れることが懸念される.

### 4.1.2　私たちと村落開発—認識で変わる関わりのあり方—

　事例紹介に入る前に,認識が私たちの発想や行動(ここでは村落開発の方向性や取り組み)に影響することを確認しておく.例えば,山間地の村落で,人々が山林にわなを仕掛け,ネズミを捉えて食料にしているとする.これに対して,どう感じるであろうか? ある者は,「ネズミを食料にするとは何て貧しいのだ,問題である,何とかしなければ」と思うであろう.また,ある者は,「ネズミという森の幸を食料にできるなんて,何と豊かな生態系に恵まれているのだろう」と思うかもしれない.前者の認識に立つと,貧困者への食糧支援や新しい農業技術を教えようとする発想や行動につながるだろう.一方,後者では,生態系の豊かさやそれを利用する人々の知恵を活かそうとするだろう.どう認識するかによって,発想や行動が正反対の方向に向かうのである.

　ここで紹介する事例は,後者の認識に立つ.教えるとか支援するものではなく,地域の人々との学びあいを基調とする取り組みである.これまであまり利用されてこなかった地域資源を発掘し,在来知や篤農家の経験に学び,貧困地域での人々の暮らしの向上と脆弱環境での資源・生態系の保全と,社会的弱者層が実践可能な複数の在地生業を形成できるかどうかを読み取ってみよう.

## 4.2　取り組みの事例

### 4.2.1　事例1:自然災害常襲地での小規模養豚

　小規模養豚の活動を行った村落は,ベトナム中部にあるフエ市から30kmほど北に位置し,丘陵地でのアカシア造林と平野部での稲作を主な生業としている.世帯収入を増やすため,2000年代のはじめに,フエ農林大学と村落の女性組織が中心になり,家屋の敷地内に豚小屋を設け5〜10頭規模のブタを飼養する小規模養豚を始めた(図4.1).これにより,従来,稲作に頼ってきた世帯収入が倍増したといわれている.とはいえ,雨季や台風の時期の

図4.1　小規模養豚での豚舎と子豚

洪水のため，飼料の汚染や不足，出荷したブタの市場価格の低迷など，さまざまな困難が残されている．

### a.　洪水を避けるための工夫

養豚を行う上で，毎年の洪水は悩みの種であり，雨季に入るとせっかく育てた豚をどの農家も次々と売りに出すので市場での販売価格が下がる．小規模養豚の洪水対策のために考案したのが「ブタの避難テラス」である．これは，コンクリートや竹材を用いて屋根の高さにテラスを設けるもので，物干し台のようも見える．洪水のたびに，避難テラスにブタを誘導し，水が引くまでの数日間避難させる．洪水の季節をしのぐとベトナムの旧正月（テト）が始まり，市場でのブタの価格が上がるため，このタイミングで豚を売ると世帯収入が増える．「ブタの避難テラス」にかかったコストは数年で回収できる．

### b.　飼料の汚染を防ぐ

図4.2　掘り出された
　　　　キャッサバ

増水した水には汚物や糞尿が混じるため，水が引いても飼料作物が汚染されている可能性がある．避難テラスで洪水をしのいだブタは，飼料不足や汚染の問題に直面する．そこで，考案したのが，「キャッサバの発酵飼料作り」である．キャッサバは南米原産のイモで，食用や家畜飼料，でんぷん原料となる（図4.2）．この村落の近隣にはでんぷん工場があり，換金作物の一つとしてキャッサバが栽培されている．ところが，工場での買い取り価格は，国際市場でのでんぷん価格と連動して上下し，年によっては収穫する元気も出ないくらい買い取り価格が低く，畑に放置されることもある．このキャッサバを掘り出し，薄切りし，場合によっては米ぬかを混ぜ，プラスチックバッグに密封し，土の中に埋めておくと発酵飼料（サイレージ）になる．土の中に埋めるのは，汚染された水にさらされるのを避けるためである．水が引いた後に掘り出せば，加熱調理せずともブタに給餌ができる．発酵飼料にすることで，微生物の働きにより，容易に消化できる糖分やアミノ酸，タンパク質などを増やし家畜飼料としての栄養価を高めることができる．余ったもの

は乾燥させて保存し，家畜飼料として市場で販売することもできる．このことで世帯収入を増やすことができ，また，キャッサバの暴落に伴う収入の減少を緩衝することにも役立つ．

### c. 未利用なアカシア樹皮の活用

丘陵地にはアカシアの造林地が広がっている．アカシアは，苗木を植栽して6〜7年目に伐採され，製紙原料として日本などに輸出される．その樹皮は製紙材料に向かないため，ごく一部が燃料として使われ，大部分は放置される．この未利用資源を何かに活用できないかを考え，現地のフエ農林大学の先生と思いついたのが炭と木酢液である．樹皮を蒸し焼きにすると，粉末状の炭と木酢液が得られる．木酢液を水で0.2％くらいに薄め（1Lのペットボトルの水に，キャップ半分の木酢液を加える），子ブタに飲ませる試験を行ったところ，下痢を予防することができた．ブタの腸内細菌を調べたら善玉菌（プロバイオティクス）が増えていた．なお，2％の濃度では腸内に潰瘍ができることもわかった．現地の養豚では，病気の予防や生育促進のため抗生物質や成長ホルモンを添加した飼料を与えることがあるが，薄めた木酢液で子ブタの時期に病気が予防できるということは，飼料にこれらの薬剤を与える必要はなくなる．また，薬剤（あるいはそれが配合されている高価な飼料）を買わなくて済むので，生産コストが下がり，何よりも薬剤が食肉に残留することがないので安全である．粉末状の炭を飼料に混ぜたり，あるいは豚舎に撒くと糞の臭いが抑えられることもわかった．さらに，木酢液を薄めずに豚舎に撒き，悪臭やハエの発生を抑えることもできた．このように育てたブタを屠畜場に持って行ったところ，処理をしたスタッフが手招きして言うには「こんな上等な肉を見るのは久し振りだ．どうだろう，これからも私に扱わせてくれないかい」．アカシア造林地で大量に廃棄されていた未利用資源であるアカシアの樹皮が，炭や木酢液となり，ブタの健康や豚舎の衛生状態の改善，近所迷惑な悪臭とハエの発生の抑制，抗生物質や成長ホルモンの残留のおそれのない安全な食肉の生産につながった．廃棄物が新しい価値を生んだのである．

### d. 参加できない人々をどうするか

ある取り組みや技術が優れて合理的であっても，何らかの事情で参加できない人々が少なからず存在する．ある日，小規模養豚をしている女性らにこう尋ねた．「養豚活動に参加したくてもできない人々のことをどう考える？この村落にも経済的に貧しい世帯や困っている世帯があるようだけど」．1週間後，女性らはユニークな提案をした．それは，余裕のある世帯が，所有する妊娠している母豚を貧困世帯に無償で貸し出すことであった．貧困世帯の女性は，自力でまずは掘立小屋のような豚小屋を作り，餌やりなど毎日の世話をする．養豚の上手な女性らからはアドバイスと励ましが届く．母ブタが子ブタを産んだら，母ブタは持ち主に返され，子ブタは貧困世帯に残り，

それを元手に養豚活動が継続される．この取り組みを「ブタのマイクロクレジット」と呼んでいたが，ここではお金のやり取りはない．母ブタを貸す方に押しつけがましさはなく，借り受ける方も自身の努力で母ブタを育て子ブタを手にするため，肩身の狭い思いをすることはない．昔ながらの相互扶助（助け合い）の知恵が形を変えて現れたものともいえる．

### e． 振り返ってみる

小規模養豚の一連の取り組みの過程で数々のアイデアが生まれた．物干し台のような「避難テラス」は，洪水の被害を避けるだけではなく，洪水後の高値の時期にブタを販売することで収入の向上につながった．国際価格の動向によっては二束三文で買い取られるキャッサバを，地中に埋めて「発酵飼料」にすることで，洪水後の汚染や病害の発生を避け，ブタの飼料を確保し，余った分を市場で売ることができた．キャッサバ価格が暴落したときの対策にもなる．廃棄物であったアカシアの樹皮から作る「木酢液」で，子ブタの下痢を予防し健康な生育を助け，高価な薬剤やそれが配合された飼料を買わなくてすむようになり，生産経費を節減でき，食肉業者が認めるほどの安全でおいしい豚肉を作ることができた．社会的に弱い立場にある人々でも容易に参加できる「母ブタの貸し出し（ブタのマイクロクレジット）」も行われた．この事例は，一つの取り組みが複数の効果や価値をもち，それがさらに新しい発想へと連鎖するものである．また，いくつかの発想は，研究者からもたらされたものだけではなく，人々とのやり取りの中で浮かんでくるアイデアを形にしたものであった．

### 4.2.2　事例 2：山間地域での在地生業の形成

フエ市から西に30 kmほどのところにある山間地の集落には山岳少数民族が居住し，丘陵や谷沿いの斜面地でのアカシア造林を主な生業としている．主な収入源は，製紙用のパルプ材を生産するアカシア造林，でんぷん材料となるキャッサバの栽培および季節的な出稼ぎ労働である．谷あいの狭い土地では，稲作や野菜作が行われているが，ほとんど自給用である．

近年，アカシア造林地の拡大により天然林が伐採され減少を続けている．また，6年に一度の伐採のたびに，土壌がむき出しになり，雨に流される．土壌かく乱と表土の露出を伴うキャッサバ栽培でも同様である．出稼ぎ労働は，地域社会からの青年壮年人口の流出を意味し，地域の生産活動の活性が低下し，生態系保全への予防や荒廃修復の措置を取ることを難しくしている．

相続による土地の分割により，家督を継いでも暮らしを豊かにするのに十分な面積であることは少なく，造林地の管理に必要な人件費や資材費を差し引くと満足できる収益は得られないという．土地を相続できなかった者は，造林地での管理作業や季節的な出稼ぎなどでわずかな収入を得て暮らしてい

る．老齢者や寡婦世帯にとっては，アカシア造林地での苗木の植栽や下草刈り，伐採，運搬などの作業は過酷である．

　このため，未利用の地域資源や人々の在来知を活用する小家畜飼養を軸とする生業（在来ミニブタの飼養，野生系交配種の飼養および養蜂）の形成に取り組んだ．そこでは，労力や資材を多く必要とせず社会的弱者層でも参加が可能なこと，十分な収入を得られること，定職をもたない青年層の就業機会となること，選択できる複数の生業があること，資源・生態系に負荷がかからないことを目指した．

### a.　在来ミニブタの飼養

　山間地の村落では，ウシ，スイギュウ，ブタ，ニワトリなどが飼養されている．平坦な土地は居住地や農耕地として使われているため，家畜の飼料を生産する農地や放牧するスペースが限られている．かつては，山林でのスイギュウの放牧が盛んで，農耕地の耕起や荷車を引く役畜として平野部の農村に売られたが，水田地帯での機械化や家畜を飼養する労力の減少で需要が少なくなっている．ブタは有望な換金産品として飼養されてきたが，大規模な養豚場からの食肉生産が増え販売価格が低調なのと，口蹄疫や青耳病などの疾病の発生やその予防に経費が掛かること，給餌や豚舎の清掃などの労働負荷が大きいことなどから有望な在地生業とはなっていない．とはいえ，穀物や野菜，果樹などと比べて，家畜飼養によりもたらされる産品（肉や卵）は販売単価が高いのが魅力であり，山間地の村落の状況にあった家畜飼養が望まれていた．

　インドシナ地域の山間地には，山岳少数民族が飼い継いできた在来ミニブタがいる（図4.3）．近年，短期間で大きく育つ養豚種の飼養が広がったため，希少な在来種の系統保全が危ぶまれている．在来ミニブタは，成長が遅く大きくはならないが，もともと放牧されていたため病気に強く粗食に耐えるといわれている．アカシアの材木や竹材を用いて，簡易な作りの豚舎と牧柵を設置し，現地で入手できる飼料（サツマイモの茎葉や芋，タロイモの茎や芋，キャッサバ，果実を収穫したら無用となるバナナの偽茎の内部を刻んだもの，米ぬかなど）を給餌しつつ，アカシア造林地やゴム園での林間放牧を行う．基本的な飼養技術は，少数民族である地域住民の在来知や経験則の範囲内であるため，特に専門家などが技術指導する必要はない．

　雄1頭と雌5頭を飼養すると，少なくとも年間25〜30頭の子豚が得られ，それを肥育して1年以内に市場に出すことができる．その希少性と抗生物質や成長ホルモン剤を使用しない安全性から，通常の養豚種よりも3〜5倍の高値で取引される．都市域の消費者やホテル，レストランとの契約生産やSNSでの広告を通じて引き取り先を探すことも行われている．1年間肥育した個体（販売単価1万円，飼養コスト2000円）を年間20頭出荷すれば，およそ16万円の収益となる（ベトナムの2019年1人当たり実質GDP＝19万円

図4.3　山岳少数民族が飼い継いできた在来ミニブタ

の84%に相当)．現地では，結婚式などの催事で5kgほどの大きさの雄の子ブタの丸焼きが供されることがあり，この場合は，さらに有利な価格で取引される．担い手世帯の労力や意欲次第で飼養頭数を増やし，収益を上積みすることができる．在来ミニブタは世帯収入の向上や安定化の主軸となる在地生業の一つになりうる．

　注目すべき点は，在来ミニブタが飼養されること自体が，遺伝資源の保全を意味することである．また，上記の収益を原資に，目利きのできる老齢者有志が，優れた形質の繁殖用雌ブタをより奥地にある山岳少数民族の村落から入手するか，あるいは生まれた子ブタのなかから選抜することで，地域住民の伝統的価値観が反映された遺伝資源の保全ができる．

　b.　野生鶏交配種の飼養

　山間地の村落に近い森林には，野生鶏が生息している．現地の人々は，雄の野生鶏をわな猟により捕獲し一般の家禽と交配させるか，あるいは，一般の家禽の雌鶏を天然林の縁辺部で数日間放し飼いすることで自然交配させる．この野生鶏と家禽の交配種の育成は，山岳少数民族の在来知の一つである（図4.4)．

　在来ミニブタと同じスペースに簡易な作りの鶏舎を設け，そこで野生鶏交配種を飼養する．一般の家禽の雌鶏に卵を孵化させ，飼養し，雄鶏や余剰の雌鶏を食肉として販売し，一部の雌鶏を卵の生産や引き続きの繁殖に利用する．3〜5年ほどで交配種から野生鶏の形質が消えるため，その時は再度自然交配により野生鶏交配種を得る．その飼養方法は，基本的には，アカシア造林地やゴム園，農耕地での放し飼いであるが，稲作で得られる米ぬか，バナナの茎を細断したものなど対象地域で入手できるものを給餌する．放し飼いのため，ほとんど労働投入を要しない．

　一般の家禽と比べて粗飼料に耐え，疾病にも抵抗力がある野生鶏交配種の鶏肉は，抗生物質や成長ホルモンの残留が懸念される通常の食肉よりも安全・安心な産品と認識されており，また，その希少性から3〜4割程度高値

図4.4 野生鶏交配種

で取引される．半年間飼養した個体の単価（飼養コスト500円を差し引く）は2000円程度で，年間の販売数を50羽とすると10万円の収益が見込まれる．これは，2019年1人当たり実質GDP（19万円）の52%に相当する．

この在地生業は，遺伝資源を森林に生息する野生鶏に求めることから，直接的な森との共存を前提とし，地域住民の生態系保全への意識や取り組みへのインセンティブを高める．また，野生鶏交配種の市場への供給により，ベトナムの山間部で大きな問題となっている野生動物（絶滅危惧種を含む）の密猟を軽減する効果も期待できる．

c. 庭先養蜂

山間地の村落の周辺にある広大なアカシア造林地では，その花や新梢からの蜜源を利用しての養蜂を行うことができる．現在の養蜂活動は，養蜂企業によるセイヨウミツバチの季節養蜂（4～7月）が主流であり，アクセスのよい舗装道路沿いの造林地に限られている（図4.5）．それ以外の時期でも養蜂が可能であるにも関わらず，少数の篤農家や好事家による小規模な養蜂が行われるのにとどまっている．言い換えれば，アカシア造林地や自然林にある大部分の養蜂資源は，未利用のまま残されている．また，村落周辺の森林には，複数種（亜種を含む）の野生ミツバチが生息しており，これを養蜂箱に誘導して飼養することも可能である．

庭先養蜂は，舗装道路よりも内部にあるアカシア造林地に隣接する居住地の庭先にセイヨウミツバチや野生ミツバチの養蜂箱（図4.6）を設置し，企業養蜂よりも長い期間にわたって採蜜を行う活動である．住居の敷地内に養蜂箱を設置することで，企業養蜂にはないきめ細かな管理（例えば，養蜂箱の清掃，スズメバチなどの天敵の駆除，2週間ごとの採蜜など）と盗難防止の効果が見込まれる．他の生業と比べて労働負荷が少ないため，老齢者世帯や日々の仕事に多忙な貧困世帯でも導入できる．蜜源となるたくさんのアカシアが近くにあるため，セイヨウミツバチの養蜂箱からは2週間に一度，野生ミツバチでは年に3回ほどの頻度で蜂蜜を採ることができる．セイヨウミ

図4.5 養蜂企業が設置した養蜂箱

図4.6 庭先に設置したセイヨウミツバチの養蜂箱

ツバチは，養蜂企業から蜂群の入った養蜂箱を購入するか，農民自らが育成した女王バチを自作の養蜂箱に入れ蜂群を形成させることにより入手できる．一方，野生ミツバチは，養蜂箱にミツロウを塗ることで分蜂群を誘引し，定着させることができる．

　ベトナム国内の蜂蜜価格は年変動が大きく，単純に収益を示すことはできないが，現地での実証試験では，30箱のセイヨウミツバチの養蜂箱から年間12万円の収益が得られた．これは，2019年1人当たり実質GDP（19万円）の63％に相当する．なお，野生ミツバチの蜂蜜は，その希少性から国内市場ではセイヨウミツバチのものよりも3～4倍の価格で取引され，新たな現金収入源として魅力的である．

　庭先養蜂の取り組みでは，社会的弱者層（寡婦世帯や老齢者世帯など）や他生業に従事していて多忙な世帯の参加と十分な土地の相続を受けておらず定職をもたない青年層の就業機会を作ることを意識している．それは，「技能集団による管理業務の請負」であり，養蜂を専業とする世帯や定職をもたない青年層からなる技能集団を形成し，時間的余裕や労力に乏しい世帯に代わり，養蜂活動を担うものである．技能集団のメンバーは，自らの養蜂活動の傍ら，1～2週間に1回の頻度で委託元を訪れ，採蜜や清掃作業を行う他，女王バチの育成や分蜂（蜂群の巣別れ）の管理を行い対象地域全体の養蜂活動を安定化させる働きをする．養蜂箱を所有することができない貧困世帯は，自身の庭先に技能集団が所有する養蜂箱を設置させ地代を受け取るというケースもありうる．

　生態系保全との関わりでは，収益的に有利な養蜂生業により，アカシア造林地としての開発圧力が軽減され，これにより天然林の減少が抑制されることが期待できる．沢沿いや急斜面地など土壌侵食や地崩れが起こりやすい脆弱な土地に，蜜源となる花木や果樹を意識的に植栽することで保全効果が見込める．また，天然林の近傍で採集した野生ミツバチの蜂蜜は品質が良く，

高い付加価値があることから，アカシア造林地内の脆弱な土地に特定の天然樹種を植栽することもありうる．このことは，アカシア造林と養蜂からの収入や労力の比較から地域の人々が選択するものであるが，養蜂の規模が拡大し安定的な収入源となる場合は，アカシア造林地と天然樹種の植栽地がモザイク状に分布する多様性のある植生を作ることにつながる．この発想は，「森を作るための植林」ではなく，「暮らしを向上させるための生業活動を通じて，結果として（間接的に），生態系を豊かにする」というものである．

## 4.3　お わ り に

　ここまで読み進んで，紹介した取り組みの大部分は，特別な用語や科学知識を必要とせず，一般的な知識や経験則の範囲で理解できることに気が付いただろうか．この本を手に取る大学生（あるいは高校生）諸君には，いきなり村落開発や地域支援などの専門知識ではなく，自身の手が届く範囲の知識から現地に雰囲気に触れてほしいと考えたからである．村落開発や生態系保全などを学ぶ際は，専門知識からではなくまずは新しい知識や考え，発想，取り組みに接するときの驚きを伴う感性を自覚することから始めてほしい．

### 文　　献

飯塚明子・田中　樹（2018）京都大学地球環境学堂・国際協力プロジェクト概要—ベトナム中部自然災害常襲地での暮らしと安全の向上支援．ベトナムの社会と文化，**8**, 312-320.

田中　樹ほか（2012）ベトナム中部での生業多様化と社会的弱者層の支援への取り組み．熱帯農業研究，**5**(2): 116-117.

チェンバース，R., 野田直人・白鳥清志監訳（2000）参加型開発と国際協力．明石書店.

# 5 農業における昆虫

石川幸男

〔キーワード〕　害虫，化学生態学，フェロモン，化学防御，抗栄養摂取

　応用昆虫学という言葉をはじめて聞く人や，農学部で昆虫を研究するのは
なぜ？と思った人も多いのではなかろうか．人に対するウイルスの脅威は肌
身で感じやすいが，人に脅威を与えるものはウイルスだけではない．一部の
昆虫は二つの異なる側面から人類に対して脅威を与えるので「害虫」と呼ば
れる．その一つは，人の病原菌を伝搬する蚊などの衛生害虫であり，もう一
つは我々の食糧である農作物を食い荒らす農業害虫である．農学部における
応用昆虫学の研究対象は後者になる．応用昆虫学は，農業害虫の新規防除法
の開発を見据えながら，害虫について基礎と応用の両面から研究する学問で
ある．

　さて，私は殺虫剤以外の方法で昆虫を制御できないか？という研究をして
いる．殺虫剤は値段も安く，効果も安定しているため，これからも害虫防除
の主力であることに間違いはない．一方で，殺虫剤を含む農薬の環境や人へ
の直接的，間接的な悪影響が懸念されていることも事実である．そこで，殺
虫剤の使用を少なくできる別の方法はないか考えている．私の専門は昆虫化
学生態学と呼ばれる分野になる．生物を大きく，微生物，植物，動物に分け
て考えてみよう．この3者はお互いにさまざまな影響を及ぼしあいながら生
存しているが，そこには化学物質が関与していることが多い．例えば，植物
は虫に食べられないように，苦味物質や殺虫性のある物質を生産して，体の
中にもっている．これらの物質の中には，殺虫剤や人の薬のリード化合物
（新薬開発の元となる化合物）となったり，原料として利用されるように
なったりしたものも多いことを知っているだろうか？　本章では，最初に
「害虫」が人の暮らしを脅かしている実態について概説する．次に，昆虫化
学生態学とはどんな研究分野なのか，また，この研究分野が農業にどのよう
に貢献できるのかについて述べ，最後に，昆虫化学生態学のトピックの中か
ら「植物と昆虫の化学防衛戦」について紹介する．

## 5.1 害虫と人の攻防

　同じ場所で集約的にイネを栽培する農耕の開始により，お米の生産効率は
飛躍的に上がったが，田の出現はイネを寄主（餌）とする昆虫にとっても格
好の住処を提供することとなった．以来，害虫と人は食糧を奪い合う関係と
なったのである．イネの病気や害虫の発生によりお米の収穫が極端に減少
し，多くの人が食べ物をまったく得られずに餓死してしまうという悲しい出
来事が何度も起こっている（表5.1）．歴史に残る害虫の被害で最も有名なの
は，享保17年と明治30年のウンカ大発生によるイネの凶作である．享保17
年の凶作では16万9000人もの餓死者が出たとされている．

表5.1　歴史に残るわが国における凶作

| 元禄8（1695）年 | 奥羽凶作 |
| --- | --- |
| 享保17（1732）年 | 西日本でウンカの大被害，九州地方は平年作の17%，餓死者16万9000人余，飢餓人口200万人 |
| 天明2～8（1782～88）年 | 天明の大飢饉，冷害およびいもち病 |
| 天保4～6（1833～35）年 | 奥州を中心に凶作 |
| 天保7（1836）年 | 全国的な凶作（冷害，いもち），米価高騰，翌8年2月大塩平八郎の乱 |
| 明治30（1897）年 | ウンカ大発生，約100万tの減収 |
| 明治32（1899）年 | 山陰，東北地方：いもち病による被害甚大 |
| 明治36（1903）年 | ムギ黄さび病大発生，東北地方大凶作 |
| 明治44（1911）年 | 東北地方にいもち病大発生，東北地方飢饉，秋田県の収穫皆無面積976 ha |

　日本の稲作に大きな被害をもたらすウンカは，トビイロウンカ（鳶色浮塵
子）とセジロウンカ（背白浮塵子）の2種類である．両種とも体長5mm程
度のセミに似た小さな虫で，針状の口をイネの茎に刺し篩管液を吸汁する．
一個体の吸う篩管液の量は多くないが，この虫の増殖力はすさまじく，無数
ともいえる虫が吸汁するとイネは枯れてしまう．トビイロウンカに特有の被
害の症状として，イネの枯れた範囲がパッチ状になる「坪枯れ」が認められ
る（図5.1）．

　このように稲作に大きな災厄をもたらすウンカであるが，農民の害虫への
対応は，古代からずっと明治初期に至るまでほとんど変わらなかった．農民
は，虫は神がお怒りになって天から降らせたものであり，大雨，日照り，強
風などの気象現象と同じで，人が抗いうるものではないと考え，お祈りや，
おまじないに頼っていたのである．いまでも，虫送りの行事や，虫よけ札の
設置といった昔からの風習が一部の地域で残っている．

　さて，虫が天から降ってくるとの考えは愚かであろうか？　神のお怒り
云々はともかく，虫が天から降ってくることについては，実はこれを支持す
る状況証拠が昭和の時代に入って多く得られるようになった．トビイロウン

図5.1　トビイロウンカ（左）と本種による典型的な被害「坪枯れ」（中央），セジロウンカ（右）
（右：https://www.kumiai-chem.co.jp/pyraxalt/about_unka.html）

**ウンカの長翅型と短翅型**
海を渡ってくるウンカは飛翔に適した長い翅をもっているが，イネに定着して世代を重ねると，同じ虫とは思えないほど翅が短く，生殖器官のある腹部が大きくなる．イネに定着すると長距離移動の必要がなくなるため，子孫の増殖により適した形態に変化するのである．

**土着のウンカ**
トビイロウンカやセジロウンカと異なり，ヒメトビウンカは日本で越冬が可能である．本種はイネ縞葉枯病などのウイルス病を媒介するため厳重な警戒が必要であるが，従来は本種による吸汁被害そのものは大きくなかった．しかし近年，ヒメトビウンカの中国大陸からの飛来が大きく増加しており問題となっている．

カもセジロウンカも寒さに弱く，冬にはいかなるステージの虫もまったく見つからないこと，そして，日本で越冬していると仮定すると虫の増え方がいかにも不自然なのである．これらの状況証拠から，ウンカの海外飛来説を唱える研究者が出てきたのであるが，「あんな小さな虫が海を渡れるはずがない」として長らくまったく相手にされなかった．しかし，この状況はある出来事を契機に一変する．昭和42（1967）年7月17日，潮岬南方500kmの洋上にあった気象庁定点観測船「おじか」が突如飛来した何万ともいえる虫の大群に取り囲まれたのである．この虫は，のちにトビイロウンカとセジロウンカと同定された．この出来事によって，研究者のウンカの飛翔能力に対する見方が一変し，今日では，ウンカは毎年海外から海を渡ってやってくるのが「常識」となっている．

　トビイロウンカの被害がパッチ状になる理由はもうおわかりであろうか？パッチの中心は空から降ってきた少数のトビイロウンカの着地点なのである．この1〜数匹の子孫が個体数を増やすにつれ，群集はどんどん外側に向かって広がっていくため，パッチ状の坪枯れが形成されるのである．被害が拡大すると，パッチとパッチはつながるようになり，ついには田んぼ全体が枯れてしまい，収穫は皆無となる．

　さて，ウンカはどこから飛来するのであろうか？　現在，大気の動きや気象に関する大量の情報がリアルタイムで利用可能となっている．この情報を巧みに利用することで，ウンカの飛来源，すなわち，どこを飛び立ったウンカが日本にやってくるのかがわかるようになった．飛来源は中国南部，華南地方と推定されている．ウンカ類にとっては華南地方も越冬するには気温が低く，越冬可能地域は，さらに南方の東南アジアであると考えられている．春になると，越冬可能地域で冬を越した虫が北上を始めるとともに個体数を増やしていく．そして，華南地域で増えた個体が日本の梅雨時に飛び立ち，下層ジェット気流にのって九州地方に飛来すると推定されている．図5.2は，2015年6月7日と10月16日に華南地方を飛び立った虫がどのような移動をするかを推測した図である．6月に飛び立った虫は九州地方に到達することができるのに対し，10月に飛び立った虫は日本には来ないことがわか

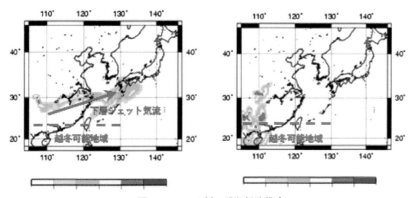

図5.2 ウンカ類の飛翔経路推定
左は2015年6月8日21時，右は2015年10月17日21時の推測．カラーバーはウンカの密度
を示し，右にいくほど密度が高い．

る．検索日の前日夕方と当日朝方に華南地方を飛び立ったウンカの動きの推
測を示してくれるウェブサイトhttp://web1.jppn.ne.jp/docs_cgi/
umnkyoso/があるので興味のある方は参照されたい．

　さて，このように毎年飛来するウンカであるが，殺虫剤がなかった時代は
ともかく，いまはよく効く殺虫剤があるはずなのに何が問題なのか？　実
は，日本で使用が許可されている農薬がまったく効かない殺虫剤抵抗性の虫
が日本に飛来してきて問題を起こしているのである．この問題は日本だけで
は解決できない．越冬可能地域において，ウンカに殺虫剤抵抗性がつかない
ような合理的な殺虫剤の使い方をしてもらう必要があり，問題解決には国際
協調が必要となっているのである．

　ウンカについて詳しく述べたが，近年はウンカ以外にも日本に飛来して農
業生産を脅かす「害虫」が多くいる．その一つにツマジロクサヨトウがある
（コラム）．トウモロコシやイネなど多数の作物を加害する大害虫ツマジロク
サヨトウは本来，南北アメリカ大陸だけに棲息している虫であった．ところ

---

**コラム　ツマジロクサヨトウの分布拡大**

　南北アメリカ大陸原産のツマジロクサヨト
ウは，2016年にアフリカ大陸に侵入後，急
速に分布を拡大し，2018年にはインドへ，
2019年にはついに日本に侵入した．

https://www.cabi.org/isc/datasheet/29
810#toDistributionMaps

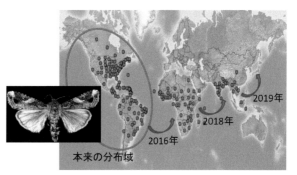

CABI, 2021, Spodoptera frugiperda. In: Invasive Species
Compendium. Wallingford, UK: CAB International. www.
cabi.org/isc.

が，2016年にアフリカ大陸に侵入したのを皮切りに急速に分布を広げ，2019年にはついに日本への侵入が確認された．ツマジロクサヨトウは英語ではfall armywormと呼ばれている．この虫（幼虫）の移動がまるで軍隊の行進のようであることから名付けられたもので，この虫の進軍を受けたあとでは，収穫できるものは何も残っていない悲惨な状態となる．このほか，バッタ（サバクトビバッタ）が大群集を形成して移動しながら，ほとんどの緑色植物を食べ荒らしてしまう「飛蝗」が各地で発生し，ツマジロクサヨトウとの2重被害に苦しんでいる国も多い．国をまたいで移動する害虫が増加している．

## 5.2　農業と昆虫化学生態学

化学生態学は生物個体間の相互作用に関与する諸要因のうち，化学物質の関与について研究する分野である．平易な言い方をすると，生物と生物の間で働く化学物質に着目し，その作用を明らかにすることを目的とした科学の一分野である．どのような生物も，個体が他個体とまったくの無関係で生きていくことはできず，同種の他個体，あるいは別種の個体と何らかの関係をもって生きている．最も典型的な相互作用は，「食うもの」と「食われるもの」の間で起こる．例えば，植物と昆虫（動物）の間の関係をみてみよう（図5.3）．植物は昆虫や動物に食べられる立場にあるが，植物にはこれを阻止するために，体の中に昆虫や動物に毒性を示す化合物を貯蔵している例が多くみられる．いわば肉を切らせて骨を断つ戦法である．昆虫や動物に強い毒性を示す物質を大きなコストをかけて生合成し，体の中に貯蔵しているのである．

生物間相互作用に関与する化学物質の分類法はいくつかあるが，その一つは同種間で働くか，異種間で働くかに着目して分類するものである．同種間で働くものはフェロモン（pheromone），異種間で働くものはアレロケミカル（allelochemical，他感作用物質）と呼ばれる．別の分類として，物質の作用によって分ける方法がある．主なものとしては，誘引物質，忌避物質，摂食阻害物質，成長阻害物質，毒物，防御物質などを挙げることができる（表5.2）．

化学生態学の研究成果は，農業にどのように役立たせることができるであろうか．私の研究分野の場合は害虫管理への利用ということになるが，例えば，作物の耐虫性品種の育成の効率化を挙げることができる．植物は自分の身を守るため殺虫物質や，虫の成長を阻害する物質を作っていることはすでに述べた．これらの物質を多く含む植物を育種することは害虫の被害を防ぐのに大変有効であるが，育種には大変な時間がかかる．育種の過程では，植

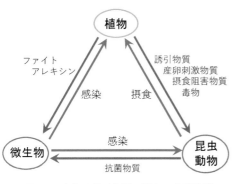

図5.3　生物間相互作用に関わる化学物質

表5.2　生物間相互作用に関わる化学物質の分類

| Ⅰ．同種間で働くか，異種間で働くかで分類 |
| --- |
| 　　同種間：フェロモン（pheromone） |
| 　　異種間：アレロケミカル（allelochemical） |
| Ⅱ．作用に基づく分類（一部） |
| 　　誘引物質（attractant） |
| 　　忌避物質（repellent） |
| 　　摂食阻害物質（feeding inhibitor） |
| 　　成長阻害物質（growth inhibitor） |
| 　　毒物（toxin, poison） |
| 　　防御物質（defensive substance） |

物個体の耐性の程度を，いちいち植物を虫に食べさせてみて調べなくてはならない．もし耐性の原因となる物質がわかれば，この物質の量を指標として育種することで，耐虫性品種を効率よく育成することができるのである．

　また，昆虫が示す行動は多くの場合定型的なので，このことを逆手にとり，物質を使って昆虫の行動を防除に有利な方向に仕向けることが可能である．例えば，性フェロモンを使ったガ類の防除への利用が考えられる．ガ類には害虫が多いが，これらは夜行性なので，配偶者（交尾相手）の発見に視覚情報の代わりに，性フェロモンと呼ばれる揮発性物質を利用している．性フェロモンの害虫防除への利用法には，発生予察と，直接防除の二つが考えられる．

　発生予察への利用では，性フェロモンの種特異的で強力な雄誘引活性を利用して，害虫の発生を継続的にモニタリングし，その発生や侵入をとても早い段階で検出する．個体数が少ない発生の初期ならば，防除にかかる費用と労力を大きく抑えることができ，なおかつ，効果的に防除することが可能となる．性フェロモンの利用法としてはもう一つ，「交信かく乱法」による直接防除がある（図5.4）．防除対象地域内にフェロモンを長期にわたって安定し

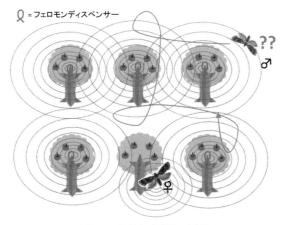

♀ = フェロモンディスペンサー

図5.4　交信かく乱法の原理

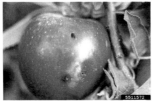
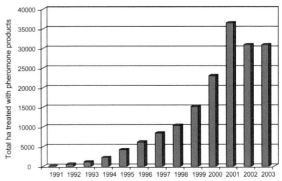

図5.5　コドリンガ成虫（左上）と幼虫による被害（左下）．ワシントン州における交信かく乱法による本種の防除面積（ha）の実績（右，Baker, 2009）.
（左上：Clemson University - USDA Cooperative Extension Slide Series. Bugwood.org. 左下：Ward Upham, Kansas State University, Bugwood.org）

　て放出できる製剤（ディスペンサー）を大量に設置し，域内を性フェロモンの匂いで一杯にするのである．そうすると，雄は雌のいる方向がわからず，雌との交尾を阻害することができる．

　ワシントン州で非常に大きなスケールで実施されている交信かく乱法を用いたコドリンガの防除について紹介しよう．リンゴ，ナシ，モモの大害虫であるコドリンガという果樹害虫の防除の話である．この虫はアメリカやヨーロッパで果樹に大きな被害を与えるため常に警戒されている．この虫の性フェロモンによる防除の試みは1990年代後半からワシントン州で開始されたが，その顕著な効果が認められ，性フェロモンによる防除面積は急拡大した（図5.5）．いまでは合成性フェロモンによる交信かく乱法はコドリンガ防除のスタンダードとなっている．日本でも多くの害虫を対象とした性フェロモン製剤が市販され，殺虫剤を使わない害虫防除に貢献している．

## 5.3　植物の化学防衛物質

　植物は，病原微生物や天敵生物から身を守るため化学物質をさまざまな形で利用している．植物には自身の生命活動の維持には直接関わらない物質が多く含まれており，植物二次代謝物質と呼ばれている．植物二次代謝物質の多くが広い意味での防御物質，あるいはその前駆体であると考えられる．二次代謝物質は，タンニンのように，多くの植物に共通して含まれ，含量も比較的多く，天敵に対する効果が非特異的，非即効的なものと，アブラナ科植物のカラシ油のように，特定の分類群に偏って分布し，含量は比較的少なく，効果が即効的なものに分類できる．一部の昆虫は，長い進化の過程で植物の防衛物質を解毒する能力を獲得してきた．このような昆虫は，他種が利用できない植物を優先的に利用することができるため，生存に有利に働いた

であろう．そして，さらに適応が進むと植物の防衛物質を寄主植物のマーカーとして利用するものさえいる．

　防御物質はその毒性ゆえに，植物にとってもこれを体内に蓄積することには大きな危険を伴う．このためさまざまな工夫がなされている．主なものとしては，特殊な細胞あるいは細胞内器官への防御物質の隔離がある．細胞内の液胞に蓄積されることが多い．さらに安全性が高いのは，防御物質そのものではなく毒性の低い前駆体を蓄積しておく方法である．この前駆体から防御物質を生成する酵素を膜で隔たれた2か所（例えば，細胞質中と液胞中）に用意しておき，昆虫などの動物に摂食され細胞が破壊されると，前駆体と酵素が接触し瞬時に防御物質が生成する仕組みである．

　植物の化学防御物質は挙げるときりがないが，身近な植物の毒性物質と，殺虫剤のリード化合物が得られた植物について紹介する．

### 5.3.1　キョウチクトウ

　街路や公園などによく植えられているキョウチクトウ（夾竹桃）は6月から9月にかけて赤やピンクの美しい花を咲かせて我々の目を楽しませてくれるが，この植物には毒性の高い強心配糖体オレアンドリン（oleandrin）が含まれている（図5.6）．この植物につくキョウチクトウアブラムシが自己の防御に利用するためオレアンドリンを体内に蓄積することはよく知られている．

図5.6　（左）キョウチクトウの花と（右）本植物に含まれるオレアンドリン

### 5.3.2　アブラナ科植物

　アブラナ科植物にはカラシ油配糖体が含まれている．植物体が傷つくと体内に含まれる酵素ミロシナーゼが作用し硫黄化合物の一種であるカラシ油，すなわちイソチオシアネート（isothiocyanates）が生成する（図5.7）．この物質がカラシやワサビなどに特有の辛味成分であり，殺菌作用があるほか，昆虫などの植食性動物に対しては摂食阻害物質として機能する．

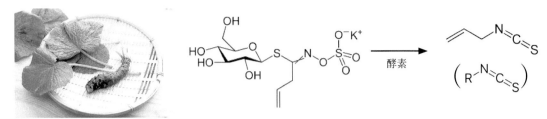

図5.7  （左）ワサビの葉と根.（右）最も一般的なカラシ油配糖体のシニグリンにミロシナーゼが作用するとカラシ油の一種アリルイソチオシアネートが生成する.括弧内はカラシ油の一般構造式.

### 5.3.3  バラ科植物の種子や幼果

　モモ，アンズ，ウメなどバラ科植物の種子や幼果にはアミグダリンという青酸配糖体が含まれ，これを食すると酵素エムルシンにより糖部が切断され青酸（シアン化水素）を発生するので危険である（図5.8）.

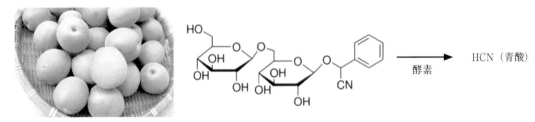

図5.8  （左）ウメの未熟果.（右）青酸配糖体に酵素のエムルシンが働くと毒性の強い青酸が生成する.

### 5.3.4  シロバナムシヨケギク

　シロバナムシヨケギク（白花虫除菊）はキク科の多年草（図5.9）で，除虫菊という名前でも知られる.殺虫成分として，ピレスリンI, IIを主成分とする6種の化合物が含まれている.これらの化合物とその誘導体はピレスロイド（pyrethroid）と総称され，広く殺虫剤として利用されている.天然に産するピレスロイドは特徴的なシクロプロパン環（三角形の環）を共通構造にもっており，従来はこの構造が殺虫活性に必須と考えられていたが，現在市販されているピレスロイドにはこの化学構造を有しないものが多い.

ピレスリンの化学構造式
Pyrethrin I, R=CH$_3$
Pyrethrin II, R=CO$_2$CH$_3$

図5.9  （左）シロバナムシヨケギク.（右）この植物の殺虫成分ピレスリン類は，有機合成殺虫剤のリード化合物となった.

### 5.3.5　タバコ

タバコの葉にはアルカロイドの一種のニコチンが含まれる（図5.10）．ニコチンは神経系のニコチン性アセチルコリン受容体（nAChR）に作用し即効性の強い神経毒性を示す．この物質をリード化合物として，昆虫に対する選択毒性の高い殺虫剤が多数開発され，ネオニコチノイドと総称されている．

 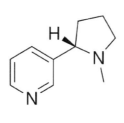

図5.10　（左）タバコの葉．この植物の殺虫成分ニコチン（右）は，有機合成殺虫剤のリード化合物となった．

## 5.4　抗栄養摂取

前節で紹介した防御物質は即効性のものであった．これに対し，即効性はないものの，植物には自分が昆虫などに食べられたとき，摂食者による消化を困難にする物質あるいは仕組みが備わっていることがある．自分は食べられてしまうとしても，摂食者を栄養不足に陥らせ，その成長や増殖を抑えることで，種を守る戦略である．この戦略を抗栄養摂取（antinutrition）という．この渋い防御に対して，昆虫側も黙っているわけではない．それでは，植物と昆虫の攻防を三つの事例について見てみよう．

### 5.4.1　イボタノキとイボタガ

イボタノキという植物の葉には少数の昆虫しかつかない．つくのはイボタガとサザナミスズメくらいのものである（図5.11）．限られた昆虫しかイボ

図5.11　（左）イボタノキの花．（右）イボタガ．

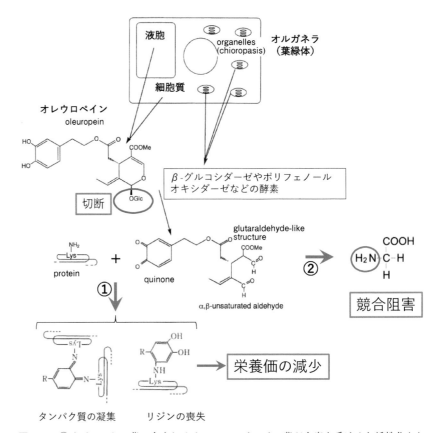

図5.12 ①イボタノキの葉に含まれるオレウロペインは，葉が食害を受けると活性化される．この活性体が食餌中のタンパク質を架橋することでタンパク質は凝集し，その栄養価を失う．②イボタガの幼虫では，消化管内へ多量のグリシンが分泌される．このグリシンがオレウロペインの活性体と結合することで，タンパク質は変性を免れる．(今野，1996を改変)

タを食べないのはなぜか？　逆にイボタガはなぜイボタノキを食べて育つことができるのであろうか？　イボタノキの葉にはイリドイド配糖体のオレウロペイン（oleuropein）が含まれている（図5.12）．この物質は通常，液胞中に隔離されているが，葉が食害を受けると葉緑体中の$\beta$-グルコシダーゼやフェノールオキシダーゼと接触し，タンパク質のリジン側鎖のアミノ基を攻撃する構造を5か所ももつ活性体となる．タンパク質分子中のリジン同士がこの物質によって架橋されてしまうとタンパク質は水に溶けていられず，凝集・沈殿してしまい消化が困難となる．また，比較的希少な必須アミノ酸のリジンが変性して失われるため栄養価が損なわれる．これにより，イボタノキの葉を食べても栄養にはならない．イボタガは，この化学防衛に対抗する手段として，消化管内へ最も単純なアミノ酸であるグリシンを分泌する．その濃度は0.4%にも達する．グリシンのアミノ基がタンパク質のリジンの側鎖アミノ基に代わってオレウロペインに結合するため，食餌中のタンパク

質は変性を免れる.

### 5.4.2 クワとカイコ

　クワの葉は昆虫による食害を受けると傷口から乳液(latex)を分泌するが,この乳液には1-deoxynojirimycin(DNJ)や1,4-dideoxy-1,4-imino-D-arabinitol(D-AB1)などの糖類似アルカロイドが計2.5%にも達する高濃度で含まれている(図5.13).これらの糖類似アルカロイドは糖分子の環状部分の酸素原子が窒素原子に置換された構造をもち,昆虫の糖代謝酵素であるスクラーゼやトレハラーゼに作用してその機能を阻害することで,毒性や成長阻害活性を発揮する.実際,クワを寄主としないエリサンやヨトウガなどの幼虫にクワの葉を餌として与えると数日内に死亡してしまうほど強い毒性がある.カイコはクワしか食べないことで有名であるが,カイコはこれらの糖類似アルカロイドに耐性のある酵素を発達させることでクワを食草とすることを可能としている.

**クワの毒性**
最新の研究により,毒性の原因は糖代謝の阻害以外にもある可能性が示されている.

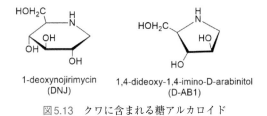

1-deoxynojirimycin
(DNJ)

1,4-dideoxy-1,4-imino-D-arabinitol
(D-AB1)

図5.13　クワに含まれる糖アルカロイド

### 5.4.3 マメとマメゾウムシ

　マメ科植物にはタンパク質構成アミノ酸(20種)以外のアミノ酸を含有しているものがあり,それらの中には昆虫に対して強い毒性を示すものがある.最も有名なものは,タチナタマメが含有するカナバニン(L-(+)-(S)-canavanine)である(図5.14).この物質は構造がアミノ酸のアルギニンと非常によく似ており,タンパク質生合成の際にアルギニンと誤認されて取り込まれてしまう.アルギニンの代わりにカナバニンが取り込まれたタンパク質は,本来の機能を発揮することができない.したがって,ほとんどの昆虫はこのマメを餌として育つことができない.しかし,この巧妙な植物の化学防

> **コラム　クワの血糖値抑制効果**
> 　クワの葉はタンパク質やミネラルの含量も比較的多く,日本には天ぷらとして食する文化もある.また,クワ茶として煎じて飲むこともある.最近,クワの葉に含まれる疑似アルカロイドの糖代謝阻害活性が着目され,人に対する食後の血糖値抑制効果を謳った健康食品が販売されている.深刻な副作用はみられないとのことだが,何事も中庸が大事である.カイコのまねをしてクワの葉を食べて生きようとしてはいけない.

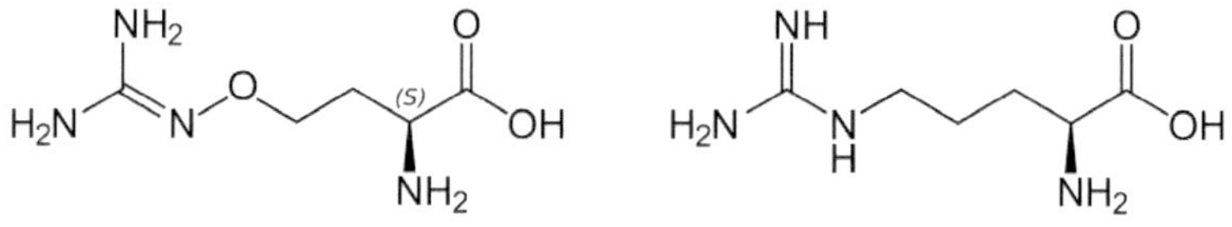

L-(+)-(S)-カナバニン　　　　　　　　　　　　　　アルギニン

図5.14　一部のマメ類に含まれるカナバニンとタンパク質構成アミノ酸の一つであ
るアルギニンの化学構造式

御にもしっかりと対応している昆虫がいる．マメ科の植物*Dioclea mega-carpa*の種子は高濃度のカナバニンを含有しているが，このマメを寄主とするマメゾウムシ*Caryedes brasiliensis*はカナバニンに耐性を示す．それは，アルギニンを認識して結合し，タンパク質合成の場に導くアルギニン-tRNAリガーゼの基質特異性が他の生物のそれに比べて非常に高く，カナバニンとアルギニンを峻別できるからである．これにより，カナバニンが誤ってタンパク質の中に取り込まれることはない．このマメゾウムシはカナバニンを窒素源として利用することもでき，カナバニンから他のアミノ酸を合成することさえできる．

　以上，植物と昆虫の間で繰り広げられている熾烈な攻防を紹介した．少しでも興味をもってもらえたなら幸いである．

## 文　　献

石川幸男・野村昌史編著（2020）応用昆虫学，朝倉書店．

今野浩太郎（1996）食べられまいとする植物と食べようとする昆虫の攻防．化学と生物，**34**(9)580-585. https://doi.org/10.1271/kagakutoseibutsu1962.34.580

今野浩太郎・平山　力（2009）カイコはなぜクワを食べられるのか？―分子レベルで明らかにされる植物と昆虫の攻防関係．化学と生物，**47**(5)298-302. https://doi.org/10.1271/kagakutoseibutsu.47.298

斉藤和季（2017）植物はなぜ薬を作るのか，文春新書．

Baker, T. C. (2009) Use of pheromones in IPM. In *Integrated pest management*, pp. 273-285.

# ⑥ 作物の改良

〔キーワード〕 イネ，出穂期遺伝子，地域適応性

　ブドウに「巨峰」や「シャインマスカット」があるように，同じ作物でも品種が違えば，味，色，香り，形が異なっている．人が自分の好みや使う目的に応じてさまざまな品種を創り出すことを，育種と呼ぶ．イネでは食味だけでなく，単位面積当たりの収穫量（単収）も重要視される．多様な風土に恵まれた日本では，その土地ごとに良食味の多収性イネ品種を目指した育種が100年以上にわたって続けられてきている．本章では，地域に適応したイネ品種育種を紹介する．

## 6.1　イネの出穂期

### 6.1.1　イネの開花について

　イネの花は風媒花で自分の花粉を自分に受粉することができる．虫媒花ではないのでイネの花には昆虫を誘引するための花弁も蜜腺もない．イネが実ったときに籾殻となる穎を開いて葯が外へ押し出されるのが，イネの開花である．栄養成長中のイネは葉鞘（ようしょう）の間から新しい葉を出しながら成長し，開花が近づくと葉鞘の間から穂が現れる．これを「出穂（しゅっすい）」と呼ぶ（図6.1）．出穂期はイネの生産性を左右する重要な農業形質とされており，農業形質の中でもとりわけ多くの遺伝解析がなされてきている．近年のゲノム解析技術の発展は，出穂期に関する遺伝子の機能について多くのことを明らかにしてきた．イネの出穂期の早晩性を決めている遺伝子の情報から，育種によってイネが地域適応性を獲得していった道筋をたどってみよう．

### 6.1.2　出穂期と開花期

　日本のイネは，出穂後，すぐに開花を始める．開花自体は目立たないが出穂するとイネ群落の見え方は大きく変化するので，イネでは開花期のことを出穂開花期あるいは出穂期と呼ぶ．出穂期はイネの耕種作業や収穫時期を決

イネの開花　　　出穂（葉鞘から抽出）　　葉身と葉鞘
図6.1　イネの開花（左），出穂（中央）および葉身と葉鞘（右）

める大切な目安となる．イネは出穂の約30日前には花芽（幼穂）分化を始めるので，本来の意味の生殖成長は出穂以前に始まっている．ただ，幼穂は葉身と葉鞘に幾重にも覆われていて確認できないので，便宜上出穂期を生殖成長期の開始期とみなしている．

### 6.1.3　イネの感光性と基本栄養成長性

　イネは日長が次第に長くなる春先に播種して，日長が次第に短くなる夏から秋にかけて開花・登熟する短日植物である．多くのイネ品種は12時間以下の短日条件で栽培すると最短の日数で出穂して開花する．播種から出穂までの日数を到穂日数と呼び，12時間以上の長日条件下での到穂日数には大きな品種間差異がある（図6.2）．長日条件下で短日条件下に比べて到穂日数が大きく増加する品種は感光性（PS: photoperiod sensitivity）が強い品種であり，長日条件下でも到穂日数があまり増えない品種は感光性が弱い品種である．出穂してから収穫までの日数の品種間差異は小さいので，イネ品種の収穫までの早晩は到穂日数によって決まる．なお，イネの研究者は「感光性」という言葉を使うが，植物の日長に対する反応は日長反応性もしくは光周性と呼ばれている．

　イネの到穂日数の品種間差異は短日条件下で小さくなるが，短日条件下で最も到穂日数が短くなった時でも，到穂日数には品種間差異が認められる．この差は基本栄養成長性（BVG: basic vegetative growth）の大きさの差，とされる．基本栄養成長性とは栄養成長から生殖成長に移行するまでに最低限必要な成長期間とされる．イネの早晩性は栽培地域の日長時間や温度の周年変化とイネの感光性と基本栄養成長性に関する品種特性によって決まる．日本列島は南北に広く位置しており，沖縄・那覇市は26°，近畿・京都市は35°，北海道・札幌市は43°である．日本で栽培されるイネはこの大きな緯

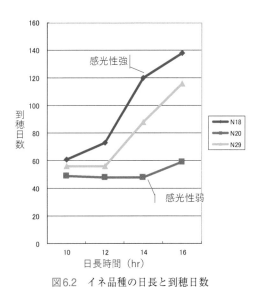

図6.2　イネ品種の日長と到穂日数

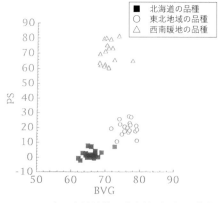

図6.3　日本の水稲品種の感光性（PS）と基本
　　　栄養成長性（BVG）
PS：12時間日長と14時間日長の到穂日数の差
BVG：12時間日長下での到穂日数

度の違いに適応するため，感光性（PS）や基本栄養成長性（BVG）に関して多様な性質をもつ品種群から構成されている（図6.3）．

## 6.2 緯度と出穂期遺伝子との関係

### 6.2.1 北海道品種の出穂特性

　緯度が高くなるにつれて，日長時間の周年変化は大きくなり，夏季の日長時間が長くなる．北海道における水稲栽培では，気温が上昇して開花する環境が安定する7月中旬から8月上旬にかけて出穂するイネが求められる．これより早くても遅くても開花前に低温に遭遇して花粉不稔が生じる障害，いわゆる冷害，に遭遇するリスクが高くなる．この危険期を避けるためには，6月下旬，つまり夏至に近く北海道での日長時間は15時間を超える条件下で幼穂分化を始める必要がある．北海道にPSもBVGも極めて小さい品種群が栽培されているのは，長日条件下であっても出穂安全期間内に出穂するためである．北海道で栽培できるイネと聞くと，寒さに強い品種を思い浮かべるかもしれないが，実は長日条件下でも出穂開花が遅れない極早生の性質が，北海道品種の共通した特徴である．

### 6.2.2 出穂期遺伝子 *Se-1*（*Hd-1*）と品種の出穂特性

　緯度が西南暖地（九州，中国・四国，近畿，東海）に比べてやや高く冬の訪れが早い東北地域では，西南暖地品種よりもPSが弱く，BVGが比較的長い品種群が栽培されており，冬の訪れが遅い西南暖地ではPSが強い品種群が栽培されている．この二つの品種群の出穂特性の差に主に関与しているの

横尾政雄
横尾政雄（農技研（現農研機構））は菊地文雄（筑波大学）らとともに1977年から1980年にかけて*Se-1*（*Hd-1*）座ともち病抵抗性遺伝子*Pi-z*座との密接連鎖を利用した日本国内のイネ品種の*Se-1*（*Hd-1*）座に関する遺伝解析を行った.

が感光性遺伝子座*Se-1*座である. 横尾氏らによって, 東北地域の品種群には*Se-1*座の早生対立遺伝子*Se-1e*が, 西南暖地品種群には*Se-1*座の晩生対立遺伝子*Se-1n*が広く分布していることが示された. 当時, 横尾氏らが*Se-1*座としていた遺伝子座は, のちに遺伝子構造が解明された*Hd-1*座と同座である. *Hd-1*の晩生対立遺伝子（前出の*Se-1n*）は長日条件下での出穂を抑制すると同時に, 短日条件下での出穂を促進する機能がある. 東北地域の品種のPSが西南暖地品種よりも弱くBVGが大きいのは, *Hd-1*の早生対立遺伝子は長日条件下での出穂抑制機能を失うと同時に, 短日条件下での出穂促進機能も失うためである. 後述の感光性遺伝子座*E1*座の機能喪失ではなく, *Hd-1*座の機能喪失が東北地域の品種の育種で選ばれたのは, 弱くてもPSを一定程度残す方が東北地域の稲作の安定生産に有利であったためと思われる.

### 6.2.3　出穂期遺伝子*E1*（*Ghd7*）と北海道品種の出穂特性

日本のイネ品種において感光性を制御している遺伝子座は*Hd-1*座以外に, *E1*座がある. *E1*座の感光性対立遺伝子*E1*は感光性が強い西南暖地品種だけでなく, 東北地域の品種にも広く分布している. ところが, 北海道品種には*E1*遺伝子をもつものはなく, 北海道品種は東北地域の品種や西南暖地品種にはない, *E1*の機能が喪失した対立遺伝子*e1*が広く分布している. さらに, 北海道品種について*Hd-1*座の遺伝子型を調査してみると, *Hd-1*座の早生対立遺伝子（前述に*Se-1e*と同じ）だけでなく, 晩生対立遺伝子（前述の*Se-1n*と同じ）をもつ品種も栽培されている. このことからも, *e1*対立遺伝子が北海道品種の成立に必須であったことを示している.

### 6.2.4　北海道での稲作の歴史

日本で栽培されているジャポニカイネは中国の長江中流域で栽培化されたとされている. 長江は北緯30°の緯度に沿うように流れており, 日本列島に最初に伝わったとされるイネが長江流域で栽培されていたものだとすると, その栽培地域の緯度は西南暖地の緯度（福岡・北緯33°）と大きく違わない. しかし, 九州に伝来した稲作が東北地域にまで拡大していくためには高緯度の長日条件に適応する必要があった. 弘前市（青森, 北緯40°）近くには2,400〜2,300年前ごろとされる水田の遺跡が発見されている. このことは, およそ3,000年前に大陸から伝来したとされるイネの中には, すでに高緯度での栽培に必要な遺伝変異が潜在していた可能性を示している. 津軽海峡を越えて北海道で本格的な稲作が試みられるのは明治になってからである. 明治政府の北海道開拓政策で多くの農民が本州から北海道へ移住したことも, その一因である. 当時, 道南で試験的に栽培されていた'赤毛'という品種から見出された早熟個体から誕生した'坊主'を端緒に, 北海道にお

ける水稲栽培可能地域が拡大した．大正時代の終わりには，魁×坊主の交雑から育成された走坊主によって，ほぼ北海道全域での稲作が可能になる．稲作に関しては後発地域であった北海道であるが，いまやコメの生産量は新潟県と1，2位を争うまでになっている．わずか1個（*E1*→*e1*）の出穂期遺伝子の変化が極めて大きな成果をもたらした，と言っていいだろう．

### 6.2.5　*E1*（*Ghd7*）座の1塩基置換と北海道品種の成立

　*E1*座は遺伝子構造が明らかにされた*Ghd7*座と同座である．*Ghd7*座の塩基配列を調べると（図6.4），*E1*から*e1*へ変化した経緯が推察できる．北海道品種'ほしのゆめ'の*Ghd7*座の対立遺伝子（*Ghd7-0a*）と西南暖地の代表的な品種'日本晴'の対立遺伝子（*Ghd7-2*）を比べると，遺伝子の第1エクソン（タンパク質に翻訳される領域）に1塩基置換（G→T）が生じ，本来ならアミノ酸の一種グルタミン酸（E）に翻訳されるはずの遺伝情報がアミノ酸合成をストップする合図に書き換わっている．日本晴の*Ghd7-2*は長日条件下で花芽分化の誘導を強く抑制しているが，*Ghd7-0a*は発現しても機能をもつタンパク質を合成されず長日条件下での抑制ができない．一塩基の置換自体は自然条件下でも一定の割合で生じているので，赤毛から見出された坊主は自然突然変異体であった可能性が高い．

　現在の東北地域や西南暖地品種からは*Ghd7-0a*をもつ品種は確認できないが，古いタイプの西南暖地品種（例えば，愛国）の中には図6.4の中にある*Ghd7-0b*をもつものが存在する．*Ghd7-0b*の遺伝子構造自体は長日条件下での開花抑制機能をもつ*Ghd7-2*と変わらないが，遺伝子の発現調整に関わる部位にサイズが大きい転移因子（Ty1-*copia* like レトロトランスポゾン）の挿入をもつ．このため，本来なら長日条件下で強く発現して幼穂分化を抑制する*Ghd7-2*の発現が長日条件下でもまったく認められない．長日条件下での開花抑制反応がない，という点に関しては，*Ghd7-0a*と*Ghd7-0b*との違いはない．ところが，*Ghd7-0a*は感光性遺伝子*Hd-1*および*Hd-5*が機能型であっても感光性を抑制することはないが，*Ghd7-0b*は*Hd-1*と*Hd-5*

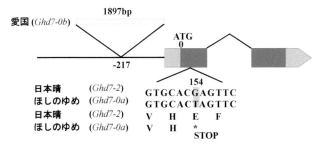

図6.4　*Ghd7*（*E1*）座における2種類の早生対立遺伝子の構造
*Ghd7-2*は長日条件下での開花抑制機能がある対立遺伝子
*Ghd7-0*は長日条件下での開花抑制機能を喪失した対立遺伝子

の両方が機能型であると長日条件下での抑制効果を示すようになり北海道での栽培が困難になる．このことから，他の感光性遺伝子の機能に関係なく感光性を示さない*Ghd7-0a*が北海道品種を成立させるきっかけとなったと考えられる．その後，北海道品種へ生産性や品質に関する優良特性を導入する目的で東北地域の品種および西南暖地品種との交雑が盛んに行われた結果，*Ghd7-0b*や前述の*Hd-1*座の晩生対立遺伝子（*Se-1n*）が間接的に北海道品種に導入されたのだろう．

### 6.2.6　低緯度地域への適応

　日本が台湾に台湾総督府を設置していた時代，農学者・磯栄吉と技士・末永仁が台湾で育成した‘台中65号’は台湾での日本型イネの生産性の向上に寄与したことで知られている．国立台湾大学の構内には，磯らが使用していた研究所が当時の姿のまま保存・公開されている．台湾の北部には北回帰線が通っており台北市の緯度は北緯25°である．このため，日長時間の周年変化は小さく，日長時間（日の出から日の入）は14時間を超えることはない．例えば西南暖地品種を台湾で栽培すると，日長条件が短日条件で推移するので栄養成長期間を十分確保できないまま出穂・登熟するため生産性が低い．台中65号およびそれ以降に育成された台湾の日本型イネ品種は，いずれもBVGが長く，短日条件下でも十分に栄養成長をすることができる（図6.5）．このBVGに対して顕著な効果を示すのは*Ehd1*座の対立遺伝子で，日本で栽培されている品種はすべて*Ehd1*座の対立遺伝子*Ehd1*をもつ．*Ehd1*は短日条件下で開花を誘導する機能を有するが，台湾の日本型品種がもつ対立遺伝子*ehd1*は短日条件下における開花誘導機能が大きく低下している．*ehd1*では1塩基置換により，遺伝子から翻訳されるタンパク質中のアミノ酸がグリシン（G）からアルギニン（R）に変化している（図6.6）．このアミノ酸の位置が*Ehd1*の機能に関わる部位（GARPドメイン）であったため，*ehd1*では短日条件下での開花促進機能が大きく損なわれている．台中

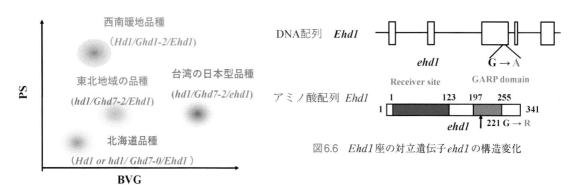

図6.5　4種類の日本型品種の出穂特性と遺伝子型

図6.6　*Ehd1*座の対立遺伝子*ehd1*の構造変化

65号は日本品種間の交雑（亀治×神力）により育成されたと記録されているが，日本の品種にはない*ehd1*が，どのように台中65号に取り込まれたのかは不明であった．最近になって，*ehd1*の由来は台湾の在来種であると判明したので，育種過程のどこかで自然交雑により取り込まれたと考えられる．*ehd1*は台湾の日本型品種以外には分布していないので，台中65号の育成過程で*ehd1*を見つけて選び出したのは育種家の慧眼である．

## 6.3 イネ品種の地域適応性と遺伝子型

### 6.3.1 ４つの遺伝子型と出穂特性

図6.5には，北海道，東北地域，西南暖地および台湾に適応した品種群に共通する出穂特性（PSとBVG）を模式的に示すとともに四品種群の遺伝子型を示した．日本型品種はPSとBVGに関して，特徴的な四つの遺伝子型に分類できることがわかる．台湾の日本型品種のPSは東北地域の品種群と同程度であるが，BVGは東北地域の品種群よりはるかに大きい．四つの遺伝子型は感光性に関わる *Hd-1* 座と *Ghd7*座の対立遺伝子，および基本栄養成長性に関わる *Ehd1*座の対立遺伝子の組合せである．北海道の品種は *Hd-1* ／ *hd-1*，*Ghd7-0a*／*Ghd7-0b*，*Ehd1*，東北地域の品種は *hd-1*，*Ghd7-2*，*Ehd1*，西南暖地の品種は *Hd-1*，*Ghd7-2*，*Ehd1*，台湾の日本型品種は *hd-1*，*Ghd7-2*，*ehd1* である．台湾の日本型品種は *ehd1* だけでなく，*Hd-1* 座の機能喪失型対立遺伝子 *hd-1* も併せもっている．前述したように，*hd-1* は短日条件下で開花を促進する機能を喪失しているので，台湾の日本型品種のBVGが大きいのは *hd-1* と *ehd1* の相乗効果と考えられる．このように，100年余りの間に高緯度地域へ適応した北海道の品種群，および低緯度地域へ適応した台湾の日本型品種群がそれぞれの地域での育種によって新たに成立した．そのいずれのケースにおいても，自然突然変異によって生じたと考えられるDNAの1塩基置換が関与していることは興味深い．

### 6.3.2 出穂期遺伝子と地域適応性

出穂特性に関する遺伝子型と地域適応性との関係が明らかになると，日本で栽培されている優良品種を，例えば台湾で栽培するには，出穂期遺伝子を台湾での栽培環境に適した遺伝子に入れ替えればいいことがわかる．実例として，台湾でコシヒカリ並みに食味に優れた品種を開発するためにコシヒカリの出穂期遺伝子を入れ替えて育成された品種（台南16号）を紹介する．この育種では，台中67号のもつ出穂期遺伝子 *Hd6*，*hd1* および *ehd1* を，コシヒカリがもつ *hd6*，*Hd1* および *Ehd1* の代わりに導入して，それ以外の遺伝子座はコシヒカリ型になるものを選んでいる．この結果，台南16号の到

穂日数はコシヒカリに比べて長くなり，とりわけ第2作期での収量性が大きく改善している（表6.1）．現在，この台南16号は良食味米品種として台湾で広く栽培されている．

表6.1　台南16号の遺伝子型と到穂日数および生産性との関係

| 作期[1] | 品種名 | 遺伝子型 | | | 到穂日数 | 単収（kg,ha） |
|---|---|---|---|---|---|---|
| 第2作期 | 台中67号 | *hd6* | *hd1* | *ehd1* | 69.7 | 4,530（100） |
| | コシヒカリ | *Hd6* | *Hd1* | *Ehd1* | 47.3 | 1,503（ 33） |
| | 台南16号 | *hd6* | *hd1* | *ehd1* | 67.7 | 4,211（ 93） |
| 第1作期 | 台中67号 | *hd6* | *hd1* | *ehd1* | 89 | 6,826（100） |
| | コシヒカリ | *Hd6* | *Hd1* | *Ehd1* | 74 | 5,657（ 83） |
| | 台南16号 | *hd6* | *hd1* | *ehd1* | 87.3 | 7,349（108） |

1) 第1作期は2月から6月，第2作期は7月から11月（Chen, *et al.*, 2012）

## 文　　献

Chen, R.K. *et al.*（2012）　A Newly Developed Rice Variety "Tainan No. 16". 臺南區農業改良場研究彙報 **60**, 1-12.

# 7 ゲノムと農学・生命科学

小保方潤一

〔キーワード〕　ゲノム，ゲノム情報学，DNAシーケンサー，生物情報学，PCR，環境ゲノム，品種改良，ゲノムと自然観，エピゲノム

　最近は，テレビや新聞でゲノムやPCRという言葉をよく目にするようになった．言葉の詳しい中身は知らないまでも，これらの言葉から医療や感染症対策を連想する人は多いかもしれない．しかし，ゲノムもPCRも，実は現在の農学や農業，そして私たちの日常生活にまで広く関わっている．本章では，ゲノムと農学・生命科学の関係を，過去，現在，そして未来について概説し，それらが私たちの日常生活にもつ意味について考えてみたい．

## 7.1　ゲノムとは何か？

　「ゲノム」という言葉がわかりにくい理由の一つは，学校で教わる定義が時代とともに変わってきたからである．生物学の教科書には，「染色体の1セット」などと書かれていた時代もあれば，現在では「生殖細胞のもつ全DNA」などと書かれていたりする．これでは，親子の会話が成り立たないし，意味が抽象的なので，結局何を言っているのかわからなかった，という人も多いかもしれない．物事が混乱したときには，その出発点に戻ってみるのも一つの手だ．

　いまから120年ほど前，20世紀の幕開けとともにメンデルの遺伝の法則が世に知られるようになり，それを契機に，多くの生物学者が遺伝と関わりの深い染色体の研究に没頭するようになった．そしていまから100年ほど前の1920年，染色体や発生の研究をしていたドイツのウインクラーが「生物の設計図」，つまり生物の遺伝や発生の仕方を決定するもの，といったニュアンスで「ゲノム」という言葉を発明した．しかし彼が論文に書いた定義は難解だったので，「精子や卵子に含まれる染色体セット」という即物的な部分だけが後世に伝えられていった（図7.1）．

　1950年代にはいるとワトソンとクリックによってDNAの二重らせん構造が発見され，遺伝情報の実体はDNA鎖の上でのG, A, T, Cという4種の塩

| 1866 | メンデルが遺伝の法則を発見する |
| --- | --- |
| **1900** | **メンデルの遺伝の法則が世の中に知られる** |
| 1920 | ウインクラーがゲノムという用語を発明する |
| 1920年代〜 | 染色体と遺伝の研究が進む |
| **1953** | DNAの二重らせん構造の発見 |
| 1960年代 | 分子生物学の時代に入る |
| 1970年代 | DNAを操作する技術が生まれる |
| 1975 | DNA塩基配列の決定法（シーケンス法）が発明される |
| **1980年代〜** | DNAのシーケンス技術が大学や研究機関に広まる |
| 1983 | PCR法の原理が発明される |
| **1990年代〜** | PCR法が広く普及する |
| **2000年代** | **シロイヌナズナ，イネ，ヒト，などのゲノム配列が解読される** |
| **2010年代** | ゲノムの超高速シーケンスの時代に入る |

図7.1　ゲノム研究の歴史

基の並び方にあることがほぼ明らかとなり，科学者の興味は，次第に顕微鏡で観察できる染色体から物質としてのDNAへと移っていった．そして，1970年代の後半にはついに染色体に含まれるDNAの塩基配列を決定する実験技術が開発され，1980〜90年代を通じてその技術が世界各地の大学や試験研究機関などに広まっていった．

このような科学技術の発展を背景として，現在では，個々の生物種がもっている生命の設計図，つまりその生物のDNA分子に記された遺伝情報の全体をゲノムといっており，より具体的には，DNA鎖上のG，A，T，Cの配列情報のことをゲノム情報といっている．

## 7.2　ゲノムはどのように解読するのか？

ゲノムを解読するとは，ゲノムDNAの塩基配列を決定し，そこに記された遺伝情報の意味を明らかにすることである．これが実用的な意味で可能になったのは1980年代からであるが，塩基配列の決定技術は日進月歩で進歩し，2010年代からは，超高速決定の時代に入った．一つ例を挙げよう．植物の細胞に含まれる葉緑体には，核とは異なるDNA分子が含まれており，葉緑体ゲノムと呼ばれている．1980年代には，葉緑体DNAの約16万塩基の配列を決定するのに，20人の研究者が手作業で実験をして10年の歳月を

農学　農林水産業　医学　医療　薬学
生物学　系統分類学　生物工学

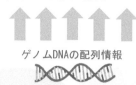

ゲノムDNAの配列情報

超高速DNAシーケンサー　　　生物情報学
　　　　　　　　　　　　　　バイオインフォマティックス

PCR=超微量のDNAを増幅する技術

図7.2　現代のゲノム研究

現代のゲノム研究では，PCR，超高速シーケンサー，生物情報学を駆使して大量のゲノム情報が得られ，科学技術のさまざまな分野で利用されている．

費やした．2020年代の現在では，全自動の高速塩基配列決定装置（DNAシーケンサーと呼ぶ）を使うと，一度の解析で，1兆塩基の配列を決定することができる．この三十数年間で，配列決定の速度はなんと10億倍にスピードアップしている．

　このように大量の塩基配列情報が読み出されるようになると，もはや人間が目や手や頭で処理できる範囲ではなくなってしまった．そこで，大量の塩基配列情報をコンピューターで処理するための新しい学問分野が生まれてきた．それを，生物情報学とかバイオインフォマティックスと呼んでいる．また，実験室で解読されたDNAの塩基配列は，かつては研究者の実験ノートや研究室のコンピューターに納められていたが，現在では，世界に何か所かある遺伝情報のデータベースに集約され，研究者はインターネットを通じてそれらの情報にアクセスする．

　今日これらの情報を利用するのは，もはや遺伝学者ばかりではない．さまざまな生物のゲノム情報は，農学，農林水産業，医学，医療，薬学，創薬，生命科学，生物分類学，環境保全，等のさまざまな分野で，日々利用されている（図7.2）．

## 7.3　PCRはゲノム解読の魔法の杖

　冒頭で触れたPCRも，ゲノムの解読に大きく寄与している．PCRはポリメラーゼ連鎖反応（polymerase chain reaction）の略称で，反応チューブの

中に増やしたいDNA分子と特殊な試薬を入れ，温度を上げ下げするだけで，なんとそのDNA分子が見事に2倍になる，という手品のような手法だ．本稿ではこれ以上の技術的な説明はしないが，温度を2回上げ下げすれば，4倍になり，3回すれば8倍になり，10回すれば1,024倍になり，20回すれば100万倍になる．いくらDNAの分析・解読技術が進歩したといっても，実際にDNAを分析するにはある程度の量，つまり分子数が必要だ．ところがPCR法を使うと，あるかないかの超微量のDNA分子を，いくらでも自由に増やすことができる．まさにゲノム解読の魔法の杖である（図7.3）．

　PCRの登場により，それまでは不可能だった様々な分析が可能になった．例えば，犯罪現場に残されたほんのわずかの血痕から，そこに含まれるゲノムDNAの一部を増幅して解読し，その血痕の持ち主を特定することも可能になった．

　ここで，一つ大事なことをお伝えしよう．生物の身体や細胞は，タンパク質や核酸（DNAとRNA），炭水化物や脂質などでできているが，これらの生体成分の中でもDNAというのはとりわけ化学的に安定な分子である．そもそも安定だからこそ遺伝情報の媒体として選ばれたのだろうが，この安定性がPCRという援軍を得て，ゲノム情報の新たな利用分野を生み出した．例えば，干からびたミイラや動物の骨からゲノムDNAを抽出し，それを増幅して，それらの正体を調べることもできる．さらに，もっと驚くべきことがある．皆さんの足下の土をとり，そこからDNAを抽出してみよう．普通に考えて，土が生き物なわけはないから，DNAなど取れるはずがない．ところが，土の中には，皆さんの目には見えない微生物がいる．この微生物のゲノムDNAが，この乱暴な方法でも極微量ながら抽出され，それをPCRにかけることにより，そのゲノムを実際に分析することが可能になったのである．そして，そのゲノムDNAの情報から，そこにはどのような微生物がいたのかを推定することができる．つまり，まず生き物を準備してそのDNA

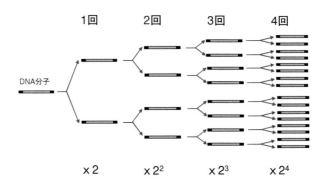

図7.3　PCR法では，1回反応させるたびにDNA分子は2倍に増える．

を調べるのではなく，いきなり環境サンプルからDNAを抽出し，得られた
ゲノムDNAの情報からそこにはこんな生き物がいたはずだ，と考えるので
ある．研究方法がすっかり逆転してしまった．

## 7.4　環境ゲノムの衝撃

　環境サンプルから直接抽出したゲノムDNAのことを，環境ゲノムとか環
境DNAと呼ぶ．この新しい研究方法は，世界中の微生物学者に衝撃を与え
た．19世紀後半に近代的な微生物学が成立して以来，世界中の微生物学者
達は地球上に棲息するさまざまな微生物を単離し，培養し，その性質を明ら
かにし，膨大な微生物のカタログを作成してきた．しかし環境ゲノムを解析
した結果，そのような方法で同定できていた微生物は実は全体のほんの一部
にすぎず，大部分の微生物は培養すらできていなかったことが明らかになっ
た．ゲノムの解読技術は，微生物学の方法まで変えてしまったのである．

　しかし，環境ゲノムの衝撃は，微生物だけにはとどまらなかった．水の中
には魚がいる．魚の表面にはヌルヌルしたぬめりがある．魚が泳げば，ぬめ
りや糞は水中に拡散する．そして，このぬめりや糞の中には，それを落とし
ていった魚のDNAがごく微量ながら含まれている．もうおわかりだろう．
海や川や湖，沼などの水から環境ゲノムを取り出すと，そのゲノム情報から
どのような魚がその付近にいたのかを推定できることがわかってきた．この
技術を応用し，川や湖などにいる水生生物の種類や生息密度などを推定する
研究が進められている（図7.4）．

　褒められたことではないが，私たちは，身に覚えが無くとも，フケを周囲
に撒き散らしている．フケは古くなって体表から剥がれ落ちた細胞である．
ということは，フケを含むサンプルの環境ゲノムを解析すれば，あなたや私

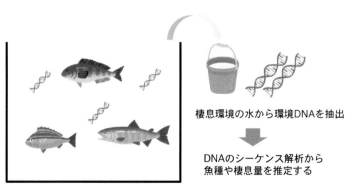

図7.4　環境ゲノム
環境ゲノムの手法を使うと，土や水などに含まれるDNAを調べることで，そこに棲息し
ているさまざまな生物の種類や量などを推定できる．

がいつどこにいたのかも，原理的にはわかってしまうはずである．このように，PCRとゲノム解読技術が結び付いて生まれた環境ゲノム学という新しい学問は，本章では紹介しきれないほどの無限の可能性を秘めており，この技術をさまざまな用途に応用する研究が，現在活発に進められている．

## 7.5 ゲノム情報は何の役に立つのか

　大学で講義をしていると，「ゲノムというのは生物学の教科書に載っている抽象的な概念で，自分たちの生活には関係がないと思っていた」と言う声をよく聞く．しかし，考えてほしい，農学というのは生き物の利用の仕方を研究する学問で，農業は，生き物を利用する産業である．そして，ゲノムは個々の生き物に関する究極の情報源である．役に立たないわけがない．

　人類は，農耕や牧畜の長い歴史の中で，植物や動物を改良して，有用な作物や家畜を育成してきた．地球上の生物は，もともと，長い時間の中では周囲の環境に適応して進化していく性質をもっている．その性質を最大限に利用して，効率よく短い時間で動植物の品種改良を進めてきた．この品種改良は，それぞれの時代や文化の中での経験知によって進められ，次第にその経験知は統合化されて学問化されていった．21世紀の現在，この品種改良のプロセスには，ゲノムの情報がさまざまな形で利用されている．

　日本人になじみの深いイネであれば，多収性，食味の改良，耐病性，耐寒性，耐塩性，耐倒伏性，などのゴールを目指して，ゲノム情報をさまざまに活用した品種育成が活発に進められている．コムギ，トウモロコシ，ダイズ，ジャガイモ，トマト，などでも同様であり，今後，ウシ，ブタなどの産業動物の育種でも，ゲノム情報はますます活用されていくと予想される．

　プラスチックゴミの処理や環境への負荷は世界的な問題となっているが，工学分野では，微生物によって水と二酸化炭素に完全分解される生分解性プラスチック素材の開発などにもゲノム情報が利用されている．

　一方，私たちの日常との関わりでは，食品検査にもゲノム情報が利用されている．食品の素材や原材料はすべて生き物なので，みな固有のゲノム情報をもっている．この原理を利用して，食品原材料の種類や品種の判別や特定，食品・原材料の品質管理，ブランド品の偽装検査，産地や流通径路の特定など，が行われている．

　農業分野ではないが，医療分野では，一人一人の遺伝的個性に合わせた次世代医療を実現するために，ゲノム情報を活用する研究が進められている．

## 7.6　ゲノムと自然観

　ここまでは，ゲノムがどう人の役に立つのか，という話をしてきた．いわば，ゲノム研究の損得勘定である．しかし，ゲノムは，単なる損得勘定を越えて，私たちの自然の見方にまで影響を与える可能性をもっている．これについて，まず一つの例をご紹介しよう．

　アオサやヒトエグサは磯に育つ緑藻の仲間で，味噌汁の具や佃煮などに利用されている．この仲間は面白い性質をもっている．磯ではひらひらした平面状の海藻なのだが，これらを実験室に持ち込み，フラスコの中で無菌的に純粋培養をすると，次第に藻体が崩れ，やがてバラバラの単細胞になってしまう．この不思議な現象は40年ほど前から知られており，自然の海水中に存在する何らかの活性物質がこれらの海藻の形態形成（＝細胞がその生き物本来の形を作ること）に必要なのだろうと考えられていた．さまざまな研究者がこの原因物質の探求に取り組んだが，2015年，松尾らによってこの物質の正体が突きとめられた．緑藻の群落に棲息する細菌が作り出していたのである．藻類が作る平面上の組織を葉状体，英語ではサルス（thallus）というが，この物質は葉状体の形成を誘導する物質，という意味でサルシン（thallusin）と名付けられた（図7.5）．

　大抵の生き物は，自分のゲノムの遺伝情報に従って自分の身体を作っていく．ところが，アオサやヒトエグサは，周辺の細菌が作るサルシンがなければ，多細胞の身体を作ることができない．ちょっと見方を変えてみよう．アオサやヒトエグサのゲノムは，生命の設計図としては不完全で，バグがあり，その欠落を補っているのが，周辺にいる細菌の遺伝子だと考えたらどうだろう．私たちは，多くの生物が助け合いながら互いの生命や生態系を維持していることを知っている．しかし，この助け合いの意味を説明するのは，なかなか複雑で，骨が折れる．ここで，自然界のどのゲノムにも実は何らかのハンディキャップがあって，それを補うために他のゲノムの働きを必要としている，遺伝子の働きを貸し借りしている，と考えてみると，生物学の専

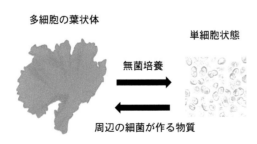

図7.5　海藻のアオサの仲間
海藻のアオサの仲間は無菌培養をすると単細胞状態になる．

門家ではなくても，自然界のあり方を理解しやすくなるのではないだろうか．ゲノムは，曖昧で抽象的な生物同士の関係を，「モノ」や「遺伝子」を通じてわかりやすく説明する手掛かりを与えてくれる．

　生き物同士の関係を研究する共生生物学という学問分野がある．共生生物学にとっても，生物のゲノムは情報の宝庫である．

## 7.7　ゲノムの新しい見方と将来

　ゲノムDNAは生物の設計図であると述べてきた．それは間違ってはいない．しかし，DNAの配列だけで生物のすべてが決まってしまうのか，といわれると，首をかしげざるを得ない．ゲノムを研究している立場からすると，DNAだけで人の性格や人生まですべて決まってしまうかのような俗説には，深い憂慮と違和感を覚えてきた．そして，その違和感の理由も，いまでは少しずつ明らかになっている．

　人の細胞の核には，23対，46本もの染色体がある．そして，それらの染色体に含まれるDNA分子をつなぎ合わせると，2mもの長さになる．それが個々の細胞にある10μmにも満たない核に収納されている．ゲノムDNAは核の中ではヒストンとよばれるタンパク質が会合してできた粒子（ヌクレオソーム）に巻き取られてクロマチン繊維といわれる状態になり，それがさらに幾重にも折りたたまれている（図7.6）．

　最近の研究によって，クロマチン繊維と簡単に言っても，実は非常に多様な存在状態のあることがわかってきた．というのは，ヒストンタンパク質にもさまざまな種類や状態があり，それらの組合せは膨大な数になる．さらに，DNAの塩基自体が化学修飾を受けることもある．そして，このクロマチンの存在状態や塩基の化学修飾が，遺伝情報の読み出し方を大きく左右し

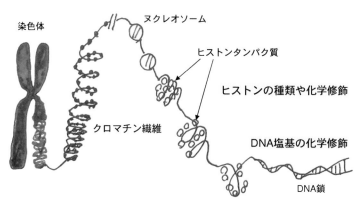

図7.6　ゲノムDNA
ゲノムDNAの働きは化学修飾やヒストンタンパク質などによっても制御されている．

ていることがわかってきた．このようなクロマチンの存在状態や塩基の修飾状態のことを，まとめてエピゲノムと呼ぶ．エピというのは「表面」とか「外側」を意味する接頭辞だが，「本来のゲノムであるDNA鎖の周りにあって，ゲノムの機能を補っているもの」というくらいの意味である．

　何やら話が難しくなってきたが，要は，DNAの塩基配列だけでは遺伝子の働き方は決まらない，ということである．真核生物では，「ゲノム」と「エピゲノム」が相互作用することにより，複雑できめ細かい遺伝子の制御を行っている．そして，エピゲノムはDNA配列とは違って後天的に変化する．

　皆さんの知り合いに，一卵性双生児の方はいないだろうか．一卵性双生児は，少なくとも生まれた時点ではまったく同じDNA配列をもっており，容姿では見分けが付かない．しかし，成長して歳を取ると，友人がみれば，2人の違いがわかることがある．ゲノムDNAの塩基配列が同じでも，エピゲノムの状態に差異が生じれば，その差が2人の個性の違いを生むことは充分考えられる．そして実際，幼少期には見られなかったエピゲノムの差が，大人になると生じていた，という知見も報告されている．

　バッタの仲間には，大発生して高密度の環境下で生育すると，ゲノムDNAは変わっていないのに形態や性質などが大きく変化し，巨大な群れを形成して農作物に甚大な被害を及ぼすものがいる．このような昆虫の相変異にもエピゲノムが関わっている可能性が指摘されている．

　エピゲノムとゲノム機能の関係はいま，最もホットな研究領域の一つで，今後，農学や生命科学に大きな影響を与えていくと予想される．

## 7.8　大学でゲノムを学ぼう

　この章では，これから農学を学ぶ皆さんにとって，ゲノムとは何なのか，ゲノムの研究や応用にはどのような可能性があるのかを，科学史の流れに沿ってご紹介した．もし本章を通じてゲノムに少しでも興味を感じた方がいれば，これからも是非，ゲノムを学んでいただきたい．皆さんがこれから活躍していく社会や産業の中で，ゲノムを基礎とする科学技術や考え方は，ますますその役割や重要度を増していくはずである．

**文　　献**

芦田嘉之（2011）やさしいバイオテクノロジー，ソフトバンククリエイティブ．
科学技術広報財団（2013）ヒトゲノムマップ．https://www.mext.go.jp/stw/common/pdf/series/genome_map/genomemap_2013_A3.pdf

笠井亮秀ほか（2017）環境DNAを用いた水産生物のモニタリング．水産海洋研究, **81**, 300-315.

環境省自然環境局生物多様性センター（2021）環境DNA分析技術を用いた淡水魚類調査手法の手引き 第2版．http://www.biodic.go.jp/edna/reports/mifish_tebiki2.pdf

日本生物工学会編（2012）開く，開く「バイオの世界」，化学同人．

Matsuo, Y. *et al.*（2015）Isolation of an algal morphogenesis inducer from a marine bacterium. *Science*, **307**, 1598.

# 8 農 学 と 動 物

井 上 　 亮

〔キーワード〕　動物，畜産学，医農連携

　農学という学問の中には，「動物」が関わる学術・研究領域が存在する．農学と動物というと，ウシやブタなどを扱う畜産学がイメージされやすいが，幅広い学問分野である農学には，畜産学以外にも，栄養学や免疫学といった我々ヒトの健康や病気に関わる学術・研究領域も含まれる．栄養学や免疫学は医学・薬学とも重複する領域だが，特に農学のこれらの学術・研究領域では，動物をモデルとした研究が行われることが多い．本章では，畜産学を含め，こういった動物が関わる農学の学術・研究領域について解説する．

## 8.1　実は畜産学が扱う学術・研究領域は幅広い

　上でも触れた通り，農学と動物と聞いておそらく最もイメージされやすいのがこの畜産学である．しかしながら，一言で畜産学といっても学術・研究としてカバーする範囲は非常に幅広い．対象とする動物一つとっても，ウシやブタ，ニワトリといった三大畜種以外にも，ペットなどの伴侶動物（コンパニオン・アニマル），鳥や獣などの野生動物など，ほとんどの動物がその研究対象となる．また，学術・研究領域も多岐に渡り，例えば，日本畜産学会の学術集会では，①栄養・飼養，②畜産物利用，③育種・遺伝，④繁殖・生殖工学，⑤形態・生理，⑥管理・環境，⑦畜産経営の7領域が設定されており，上に挙げた対象となる動物種それぞれにこれら7領域があると考えて差し支えない．つまり，ウシ，ブタ，ニワトリの三大畜種だけでも21もの学術・研究領域が存在することになる．もちろん，すべての学術・研究領域がきれいに区分けされているわけではなく，互いに重複する部分もあるが，各領域の研究内容の概要は以下の通りである．

　栄養・飼養は，対象となる動物の飼料（エサ）や飼育方法についての研究を行う領域で，例えば動物がより健康に，より大きく育つ飼料の設計や評価を行ったり，病気になりにくく育てるための飼育方法の探索を行ったりと

いった研究が行われている．筆者はこの領域でのブタを対象とした研究に従事しているが，これまでに，ブタの飼料に乳酸菌を添加すると病気が減り，より大きく仔豚が育つことや，母親から離乳させる時期が早すぎると仔豚の免疫力が低下するため，仔豚の飼育方法としては，哺乳期間を3週間以上とすることが望ましいことなどを明らかにしている．

　畜産物利用では，肉や卵はもちろんソーセージやチーズといった加工品，さらには内臓など畜産に関係する産物の利用方法が研究されている．畜産物利用の領域では，例えば，畜産物の加工品の特性や保存性の改良に加え，シカ肉の筋肉疲労低減効果など畜産物のヒトへの機能性の探索などが行われている．

　育種・遺伝は，肉のおいしさを左右する遺伝子や，ニワトリが産む卵の数に影響する遺伝子など，畜産物の品質や生産性に関わる遺伝子を調べたり，上記の栄養・飼養分野と協調してこれらの遺伝子の発現がどういった飼養により変動するかなどを調べたりする領域である．もちろん，動物の病気への抵抗成（病気に強い・弱い）を左右する遺伝子も生産性に関わるので，こういった遺伝子もこの領域の研究対象である．また，これらの畜産物の品質・生産性の向上に関わる遺伝子が，より良い状態で発現する品種・系統の動物を育種するのも，この領域の大きな研究テーマである．

　繁殖・生殖工学では，動物がどのように子孫を残すかという領域を対象としている．例えば卵子・精子といった生殖細胞の研究を通じて繁殖機能が低い動物の種をいかに効率的に保存するかといった研究がこの領域の研究である．繁殖に関わる人工授精，生殖細胞の凍結保存，体外受精といった技術の改良・開発はもちろん，核移植技術・胚性幹細胞（ES細胞）を使った再生医療もこの領域がカバーする研究領域の一つである．この領域で有名な研究成果としては，世界初の体細胞クローン羊であるドリー（コラム）の作出が挙げられる．

　形態・生理のうち，形態の領域では臓器や組織の形態的な特徴を調べ，動物種間や個体間で比べてみたり，特定の器官が決まった形態になる仕組みを調べたりする．生理の領域では，乳が分泌されたり卵が作られたりする仕組みを調べたり，さらに踏み込んで細胞レベルで動物が物質や外界からの刺激を受容する仕組みを調べたりする．

　管理・環境のうち，管理が該当するのは動物飼育における病気の発生を制御するための防疫や，放牧時の動物行動やイノシシやシカといった畑等に被害をもたらす害獣の行動を調べ，これらを制御することで病気や獣害を減らすことを目指す領域である．環境の方は，畜産に関わる環境の諸問題を扱う領域である．例えば，牧草地における窒素やミネラルの循環や，家畜の糞尿の臭気等に関する研究が行われている．現在，農林畜水産問わず農業には持続可能な体系の構築が求められているが，畜産における持続可能な体系の構

築のためには，この領域の研究が今後さらに重要になると考えられる．

　畜産経営は，個としての動物ではなく，どちらかというと動物を飼養する母体である農家の経営に関わる研究が多い．例えば，特殊な作業器具の導入により削減できる労働力の調査や，ICTツールの導入によって動物の管理がいかに効率化され生産性が向上できるかなどを調べる領域である．

　毎年の日本畜産学会の学術集会には上記7領域の学術・研究に携わる学生・研究者が400名近くも集い活発な意見交換が行われている．また，日本畜産学会は，正会員数は1,000名を超え，2024年には創立100周年を迎える歴史ある学会である．畜産学に関する多くの研究は派手さがないため，メディアなどで取り上げられる機会が少なく，学術・研究内容が一般に認知されづらいかもしれないが，畜産学は日本や世界の食料生産を支える重要な農学の学問の一つである．

---

**コラム　体細胞クローン ドリー**

　クローンとは元の生物とまったく同じ遺伝情報をもつ生物のことで，体細胞クローンとは，生殖細胞ではなく，皮膚や筋肉といった体細胞からの遺伝情報を使って作られたクローンのことである．体細胞クローンでは，体細胞から遺伝情報の入った核を取り出し，核を取り除いた卵子に入れて，代理母の子宮に移植する．これが着床し無事に個体が生まれると，この個体は核を取り出した体細胞をもつ個体とまったく同じ遺伝情報をもった「クローン」となる（図8.1）．この技術を使って1997年に世界ではじめて作られた体細胞クローンがイギリス（スコットランド）のロスリン研究所で誕生した羊のドリーである．ドリーの誕生は重要な科学技術の進展の実現を示したが，それと同時に生命倫理的な問題も提起した．この技術を使うことで，理論的にはクローン人間を作ることができるためである．生育する環境などでもっている遺伝情報のなかで使われる遺伝子の取捨選択が行われるため，実際にはクローンの外見や性格が元の個体とまったく同じにはならない可能性も高いが，それでも生物学上は同一である．クローン人間を作ることを人の尊厳を犯す行為，受精のない無性生殖での個の誕生は自然の摂理を犯す行為と批判する意見もあるが，この是非の判断は個人の考えによるところも大きい．また，クローン犬やクローン猫は良いのに，ヒトだけ駄目なのはおかしいという意見ももちろん存在する．この問題は科学的というよりは倫理的な問題の色が強いため，ここでは賛否に言及はしないが，読者にも，クローン動物（ヒトクローン）の作出の是非について考えてみてほしい．なお，羊以外の体細胞クローンとしては，ドリーの誕生から約2年後にわが国でウシの体細胞クローンが世界ではじめて作出されている．

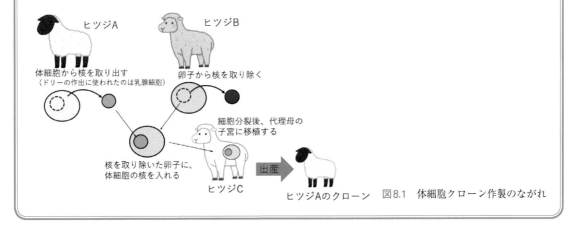

図8.1　体細胞クローン作製のながれ

## 8.2　ヒトで起こることを予想するために動物を扱う学術・研究もある

　上で紹介した畜産学では，学術・研究の対象となる動物そのものを使って研究が行われることがほとんどである．例えば，牛乳が作られるメカニズムを調べる場合は生きたウシやウシから取り出した細胞が使われるし，ブタの病気を調べるときにも当然生きたブタやブタから取り出した細胞が使われる．一方，これとは異なり，我々ヒトの健康や疾病に関わる諸現象を調べるために，ヒトではない動物を使って研究を行う学術・研究領域も存在する．

　これらの学術・研究領域が見据える対象はヒトなので，最終的にはヒトでその諸現象を調べることになるが，その前段階として，いきなりヒトで調べるにはリスクが高い場合などに動物がモデルとして使われる．もちろん，ヒトから取り出した細胞を使い，シャーレ内で生命諸現象を調べることもできるが，動物というのはさまざまな細胞が複雑に関係しあって臓器や組織を作り個体となっているので，2〜3種類の細胞を使うだけでは個体で起こる諸現象を調査・解明するのは難しいことも多い．そのためにヒトと同じ生命原理が働いている動物を使った実験や評価がどうしても必要になることがある．わかりやすい例でいえば，新薬の探索である．ある病気に効くと期待される新薬の候補物質がその病気の細胞を使ったシャーレ内の実験で五つ見つかったとする．では，いきなりこの候補物質五つをその病気の患者に投与しても良いだろうか？　この候補物質はシャーレ内の細胞でしか評価されていないので，投与したときにどこの臓器に行ってどの細胞に作用しやすいのか，またどれくらい体内に留まるのかはまったくわからないため，いきなり患者に投与した場合のリスクは計り知れない．現在はコンピューターによるシミュレーションの精度も向上しているので，ある程度の予測を立てることはできるが，安全と断言できるだけの予測精度にはまだ達していないのも事実である．一方，例えばマウス体内でその候補物質の動態がわかれば，先人たちの知見の蓄積から，ヒトで起こることをより精度高く予測することができ，ヒトで評価する際のリスクを格段に低減することができる．

　この学術・研究領域では，ヒトのために動物に犠牲を強いていると言わざるを得ない．そのため，この領域における動物との関わりに言及する際には，生命倫理的な議論を避けて通ることはできない．動物を使った実験・研究については賛否があり，どちらの意見にも正当性・妥当性があるため明確な解答を見出すことは難しい．しかしながら，この領域の研究成果がヒトの健康や福祉に多大なる貢献をしていることは紛れもない事実であり，現代社会に生活するほとんどの人がその恩恵を受けている．また，この領域で得られた知見が，家畜や伴侶動物などの健康や福祉にも貢献していることは意外と見落とされがちな事実である．さらに，動物を扱う研究者は生命に対する

畏敬の念をもち，策定されている種々の法令・指針を遵守しつつ，可能な限り動物を人道的に扱うことを前提に研究に取り組んでいる．もちろん，これは同じ動物を対象とする畜産学の研究者でも同じである．読者には，動物実験を肯定するにせよ，否定するにせよ，感情だけで頭ごなしにその主張をするのではなく，良否それぞれの事情，内情をよく理解した上で自身の主張をもってもらいたい．打越綾子編『人と動物の関係を考える』（打越，2018）では動物実験を含め，さまざまな形で動物と関わる人の考えや意見に触れることができる．動物とヒトとの関わりについて考える上で参考になるので，是非一読してほしい．

## 8.3　農学ではヒトの健康増進，疾病予防に関わる研究が多い

　ヒトでの諸現象を調べるために動物をモデルとする研究の中で，農学に関わりが深いのはヒトの健康増進，疾病予防に関わる学術・研究領域である．この理由は，健康増進や疾病予防には農学のキーワードである「食」が重要だからである．そのため，疾病の治療に関わる「薬」の部分は農学よりも薬学や医学分野の色が強い．動物を使ってヒトの健康増進や疾病予防に関わる知見を収集する学術・研究領域は複数あるが，ここでは栄養学と食品免疫学を紹介する．いずれの領域も最終的にはヒトで評価・実証を行うが，その前段階として動物を使った評価が行われることがある．ヒトのモデルとされる動物はげっ歯類の動物が多いが，栄養学ではラットが，食品免疫学ではマウスが使われることが多い．ラットはドブネズミを実験動物化したもので，成獣の体重は200〜400 g，大きいものでは700 gほどになる．マウスは，ハツカネズミを実験動物化したもので，成獣の体重は20〜30 g程度である．栄養学でラットが使われることが多いのは，栄養との関係で血液を調べる際，採血しやすく血液量も確保しやすいラットがより適していることや，個体ごとで飼育ができるラットでは群で飼育するマウスに比べて個体の食事量の把握が容易であるといった理由がある．一方，食品免疫学では，もともと免疫学でマウスが使われていたため，マウスの遺伝子やタンパク質を調べるための研究ツールが多くあることや，ラットに比べて遺伝子改変が容易なため，遺伝子改変マウスを使った免疫分子の役割の解明がより迅速かつ正確に行いやすいといった理由でマウスが使われることが多い．

　栄養学は，食品のもつ栄養成分やそれが体内でどのような働きをもつかを調べる学術・研究領域である．「食」との深い関わりから栄養学に関わる学科・専攻が農学系の学部に設置されることが多い．農学系の栄養学研究の成果として特筆すべきは，食物繊維（コラム）に関するものである．現在では食物繊維は，我々の健康増進や疾病予防に欠かせない重要な食品成分として認識

**3Rの原則**

動物実験を行う研究者は，世界的な基本理念である「3Rの原則」の徹底が求められている．これに加え，日本では動物愛護管理法「実験動物の飼養及び保管並びに苦痛の軽減に関する基準」（環境省），「動物実験の適正な実施に向けたガイドライン」（日本学術振興会議），「動物実験の実施に関する基本指針」（文科省，厚労省，農水省），「研究機関等における動物実験等の実施に対する基本指針」（文科省），「実験動物の管理と使用に関する指針」（日本実験動物学会）などのさまざまな法令や指針を遵守することが求められる．また各研究機関では「動物実験に関する規程」を制定し，各機関に設置された動物実験委員会にて，その機関で実施予定の動物実験を事前審査し，これら関連法令，指針，規定に則するもののみが実施を許可されるようになっている．3Rの原則とはすなわち，研究に使用する実験動物を可能な限り減少（reduction）させること，実験動物を可能な限り使わずに評価するための代替（replacement）方法の検討，実験動物の苦痛を可能な限り低減するための技術・手技の洗練（refinement）の三つの言葉の頭文字からくる．近年では，これに動物実験を行う者としての責任（responsibility）を加えた4Rを原則とすることもある．

⭕ **食物繊維**

　食物繊維とは，小腸で分解・吸収されない炭水化物の総称で，水に溶ける水溶性食物繊維と，水に溶けない不溶性食物繊維がある（図8.2）．水溶性食物繊維は腸内細菌の基質（エサ）になるので，直接的に腸内細菌叢のバランスを調節する効果がある．不溶性食物繊維は腸内細菌のエサにはならないが，水分を含んで膨張するので，糞塊をカサ増しし，腸の物理的な刺激を増やしたり，腸のぜん動運動を活発化したりすることで腸内細菌叢のバランスを調節する効果がある．厚生労働省策定の「日本人の食品摂取基準（2020年度版）」では，成人男性で21 g/日以上の摂取が目標値とされているが，日本人の食物繊維摂取量は年々減少しており，近年では14 g/日程度と推定されている．食物繊維と疾病や寿命の関係が活発に研究されており，食物繊維の摂取量が25〜29 g/日では，心臓病や生活習慣病，脳卒中，大腸がんの発症リスクが下がることや，100歳以上の人（百寿者）が多い地域では食物繊維の摂取量が多いことなどが明らかになっている．　なお，小腸で消化・吸収を受けた食べ物の残渣は英語で「dietary fiber」と定義されていたが，この日本語訳として「食物繊維」を提案したのも桐山修八先生である．

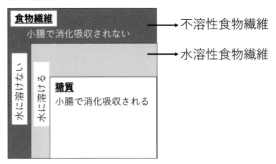

図8.2　炭水化物のなかの食物繊維

　されているが，ここには栄養学の多大な貢献がある．わが国でこの食物繊維の研究に多大な貢献を果たした研究者としては，北海道大学農学部の故 桐山修八先生とその門弟の方々が挙げられる．小腸で消化・吸収を受けた食べ物の残渣として生物学的な栄養価値の低い非栄養素とされていた食物繊維が，いまや食に関する分野のみならず医療に関する分野からも注目される重要な食品成分にまで価値が高まったのは，桐山先生をはじめとする優秀な農学分野の研究者によるラット等を使った数々の研究成果があったからに他ならない．

　食品免疫学は，栄養免疫学，免疫栄養学と言い換えることもできる学術・研究領域で，栄養学から免疫に関わる部分を取り出した領域とイメージするとわかりやすい．この領域では，食品が免疫に及ぼす影響を科学的に解明し，その成果を健康増進，疾病予防，さらには疾病の緩和・治療に役立てるための研究が行われる．この領域において特筆すべき成果はさまざまな食品の機能性の発見である．食品の中には，免疫系，分泌系，神経系などを調節し健康増進，疾病予防に役立つ「機能性」をもつものがあるが，これらの機能性食品の発見の端緒となる研究の多くは動物をモデルとして行われたものである．例えば，ヨーグルトに入っている乳酸菌には整腸作用以外にも，アレルギー予防や感染予防といった機能性があることが知られているが，これらの機能性の発見にモデル動物を使った研究が果たした役割は決して小さくない．

## 8.4　いま話題の腸内細菌の研究にも農学が関係している

　動物の腸に棲んでいる細菌を腸内細菌と呼ぶが，これに関する学術・研究領域がある．もともとは微生物学の学術・研究領域の一つだが，腸内細菌がヒトの健康や疾病に深く関わることが明らかになりだした2010年ごろから，この領域の研究は世界規模で活発化し，いまでは栄養学，免疫学，生理学など多くの分野を巻き込んだ大きな学術・研究領域となっている．実はこの腸内細菌の研究と農学には深い関係がある．

　ウシなどの反芻動物は四つの胃をもつが，その一番目の胃である第一胃にはヒトの腸と同様に多種多様な細菌が棲息している．草食動物であるウシでは，第一胃に棲息する細菌（微生物）が植物のセルロースという成分を分解して作り出す揮発性脂肪酸と呼ばれる物質が重要なエネルギー源になっている．そのため，畜産学では牛乳などの生産性向上のため，古くから第一胃内の細菌に関する研究が活発に行われており，わが国でも優秀な農学系研究者がこれに携わってきた．この研究の中で，さまざまな細菌を培養する方法や，細菌の同定方法，さらには細菌が作り出す物質やその生理作用など多くのことが明らかにされており，これらの知見はヒトの腸内細菌研究の発展において重要な礎となっている．

ヒトにおけるセルロースの消化
ヒトは小腸の消化酵素でも，腸内に棲む細菌がもつ酵素でも，セルロースを分解できないので，草食動物と同じ食べ物ではエネルギーが十分獲得できない．

　ヒトでの腸内細菌叢研究の活気は，畜産学にも波及し始めている．腸内には1,000種類以上もの腸内細菌が棲息しており，これらを総じて腸内細菌叢（腸内細菌のくさむら）というが，腸内細菌叢の中で有害菌が増えて有用菌が減る，つまり腸内細菌叢のバランスが崩れるとさまざまな不調や疾病につながることがわかっている．ヒトでは，腸内細菌叢のバランスが崩れると大腸炎や大腸がんといった腸の病気だけでなく，精神疾患や心臓病などの腸以外の病気のリスクも上昇することが明らかになっているが，腸内細菌叢のバランスが崩れると不調をきたすのは動物でも同じである．例えば，筆者らは母ブタの腸内細菌叢のバランスが悪いと，生まれる仔豚や，健康に育つ仔豚の数が，腸内細菌叢のバランスの整った母ブタよりも少なくなることを明らかにしている．そのため腸内細菌叢の研究はブタなどの家畜でも活発に行われて始めており，犬や猫など伴侶動物でもこの動きは活発化している．また，上述の反芻動物では，第一胃内の細菌の研究は引き続き行われているが，近年では，腸の細菌についての研究も行われ始めている．

　さらに，腸内細菌叢を最も大きく変動させる要因が農学のキーワードである「食」であることも忘れてはならない．腸内細菌叢のバランスの調節に最も重要とされるのは上述の食物繊維とされているが，一言で食物繊維といっても種類は豊富である．また，食物繊維以外のタンパク質やミネラルといった栄養成分も腸内細菌叢に影響を与えることが近年の研究で次々に明らかに

なっている．腸内細菌叢を調節する食品素材の探索や提案も，これからの農
学の重要な役割の一つである．

## 8.5 活発化する医農連携

　人々がより健康で長く生きられる社会を作るための研究を食に関する農学
分野と医療に関する医学分野が連携して推進する取り組みのことを医農連携
という．幅広い学問である農学分野においては，さまざまな学術・研究領域
で医学分野と連携することができるが，中でもこれまで紹介したような栄養
学，食品免疫学といったヒトを最終的な対象とする領域がより医学分野と連
携しやすい領域といえる．

　例えば，病気になってから治療するのではなく，病気にならないよう予防
するという概念を「予防医学」という．ここには予防する病気の知識，つま
り医学的知識が必要になることは言うまでもないが，栄養学や食品免疫学の
知見も大きな役割を果たすことは上述までの説明から容易に類推できる．

　また，上記の腸内細菌の例のように，農学分野で培われた知見を医学の領
域に活かすことも医農連携とみなすことができる．筆者は，ブタなどの家畜
の腸内細菌叢の研究も行っているが，現在は，家畜の腸内細菌研究を通じて
得た知識や技術を活かし医学分野と積極的な連携を行っている．

　筆者の医農連携の一例として，自閉症スペクトラム障害児の腸内細菌叢に
関する研究を紹介する．自閉症スペクトラム障害については所々で説明をみ
ることができるので，ここではこの疾患に関する説明は割愛するが，さまざ
まな研究から自閉症スペクトラム障害児の多くで腸内細菌叢のバランスが崩
れた状態にあることがわかっている．自閉症スペクトラム障害児には極端な
偏食がよくみられるが，筆者らはこの偏食のため食物繊維の摂取量が少ない
ことが腸内細菌叢のバランスを崩す理由の一つであると推察した．そのた
め，食物繊維を補うことで自閉症スペクトラム障害児の腸内細菌叢を改善で
きると考えたが，偏食が強い児童に食物繊維を摂取させることは容易ではな
い．そこで利用したのが水溶性食物繊維である．水溶性食物繊維であれば，
水に溶けたあとは無味無臭になるものがあるので，偏食の児童であっても気
にならず摂取することができる．このような背景に基づき，実際に水溶性食
物繊維を自閉症スペクトラム障害児に摂取させたところ，ほとんど抵抗なく
食物繊維を摂取させることができ，腸内細菌叢の改善が確認できた．さら
に，自閉症スペクトラム障害児の特徴の一つであるイライラ行動（専門的に
は易刺激性という）が抑えられるという症状の緩和までも実現することがで
きたのである（日経BP，2019）．この研究の成功の鍵は，腸内細菌叢の異常
が食物繊維の摂取不足に起因する可能性があること，さらに偏食の児童でも

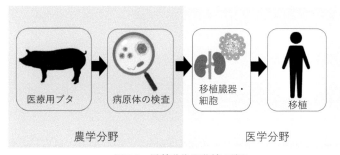

図8.3　異種動物間移植の流れ

水溶性食物繊維であれば摂取できることに気付いたことであり，そこには間違いなく農学の「食」の知識が活かされている．

　ヒト以外の動物の細胞や臓器をヒトに移植することを異種動物間移植というが，この分野でも医農連携，特に畜産学と医学の連携が進んでいる．

　異種動物間移植の実現に向けた研究は世界中で進められているが，多くの国で移植のための細胞や臓器の提供元になる動物（ドナー動物）としてブタが候補になっている．これにはブタは霊長類を除くと遺伝的にヒトに近い，臓器のサイズや形がヒトに近い，さらに繁殖性が高いといった理由がある．このドナーブタから取得した細胞や臓器をヒトに移植する部分は医学分野の領域となるが，ドナーブタの作出や飼育に関しては農学，特に畜産学が活躍する領域となる．例えば，ドナーブタは病原体をもたない清浄な医療用ブタである必要があるが，この安全かつ健康なブタを飼育するための方法には，畜産学の栄養・飼養や，管理・環境といった領域の知見が活用できる．実際，わが国で初の異種動物間移植としてブタ膵島の移植の実現に向けて活動している研究グループでは，ドナーブタの作出と病原体の保有状況の検査は農学系の研究者が，ドナーブタからの細胞や臓器の取得や保存，最適な移植

**ブタの妊娠期間**
ブタの妊娠期間は115日でヒトの半分以下であり，1頭の母豚から約10頭の子豚が生まれる．多産系と呼ばれる系統のブタでは，1頭の母豚が20頭近くを産むこともある．

> 🈁🈁🈁　**異種動物間移植の現状と国内での取り組み**
>
> 　現在，異種動物間移植の実現が最も近いと考えられているのは1型糖尿病である．1型糖尿病は自己の免疫が暴走することで膵臓のβ細胞が壊されてしまい，血糖値をコントロールするインスリンの産生ができなくなる病気である．この壊された膵臓の機能を補うための手段として，ブタの膵島（β細胞を含む膵臓の細胞群）の移植が研究されている．膵島の異種動物間移植の研究は古くから行われており，1987年にはブタおよびウシの膵島をヒトに移植する臨床研究が実施された報告がある．その後も，スイス，メキシコ，ニュージーランドやアルゼンチンでブタ膵島をヒトに移植する臨床研究が実施されており，移植後数年間に渡りインスリンの産生機能が改善されたとの報告もある．日本では，2016年に厚生労働省により異種動物間移植の実施が容認され，国内初の異種動物間移植の実現に向けたプロジェクトが進行している（日本IDDMネットワーク）．
>
> 　なお，あまり一般には知られていないが，実はブタが罹患する可能性のある病原体はかなり多い．厚生労働省が策定する「異種移植の実施に伴う公衆衛生上の感染症問題に関する指針」には，ドナーブタが感染していないことを確認すべき病原体として100種類以上の病原体名がリストアップされている．異種動物間移植の実現のためには，ドナーがこれらの病原体に感染しない飼育環境と，これらの病原体の感染を迅速かつ鋭敏に検出できる検査系の確立も重要な課題なのである．

の方法などの検討は医学系の研究者が担当し，医学，農学が連携してプロジェクトが進められている（図8.3）（コラム）．

## 8.6 農学と動物の今後の展望

　ここまでで，農学という学問において動物が関わる学術・研究領域がいかに幅広く，その活躍の場も多岐に渡るかについて触れたが，最後に，この章で紹介した学術・研究分野の今後について，筆者の私見を交えて展望する．

　畜産学においては，持続可能な畜産体系の構築が世界的な目標となることは間違いなく，この達成に向けた取り組みが活発化すると考えられる．現代畜産では，一つの農家が多くの家畜を飼育する集約化が進んでいるが，集約化された畜産は，資源循環のバランスを崩し，結果として環境負荷を増大させる危険がある．資源循環のバランスを調整し，そして環境負荷を低減することは持続可能な畜産体系の構築には欠かすことができない要素となる．資源循環には飼料となる作物やそれを育む土壌も重要なため，作物学など直接的には動物と関わらない農学の学術・研究領域との協調も必要となると予想される．

　また，持続可能な畜産体系を構築する上では，より動物福祉（アニマルウェルフェア）が重視されるべきであることを忘れてはいけない．尊厳が守られるべきなのは実験動物だけでなく，家畜も同じである．しかし，家畜のストレスを緩和する方法は広々とした場所で伸び伸びと飼養することだけが唯一ではない．例えば，ストレスを緩和する栄養成分がすでに発見されており，ヒトでは栄養補助食品として流通している．こういったストレス緩和に役立つ栄養成分で，家畜に使うことのできるものを探索し評価することも，今後の畜産学の課題の一つだと筆者は考える．

　栄養学や食品免疫学のうち，動物を扱う領域については，今後，医農連携がさらに重要になると考えられる．動物を使って端緒を得た成果を迅速に社会に還元し役立てるには，ヒトでの評価は欠かすことができない．ヒトでの評価では，健康状態や病気の症状を正確に知る必要があるが，これは医学分野との連携なくして達成することはできない．ただし，詳細な理由の説明はここでは割愛するが，ヒトでの評価はマウスなど実験動物を使った評価よりもはるかに長い準備期間が必要で，必要とする研究費も桁違いである．医農連携をさらに活発化させるためには，動物実験からヒトでの評価にスムーズ移行する上で，準備期間や研究費が大きな障壁とならないよう，国や自治体などの公的な支援の拡充が不可欠である．

　医療や福祉の発達，栄養や衛生状態の改善などにより，人の寿命が100年を超えることが珍しくなくなり，いまや「人生100年時代」といわれるよう

**資源循環**
資源循環とは，農作物が家畜の餌となり，その家畜の糞から堆肥が作られ，さらにその堆肥によって農作物が育つ，というように，その土地で有機資源が循環することを指す．

になった．100年の人生をいかに健康に生きるか，つまりいかに健康寿命を延ばすかは，わが国がこれから取り組むべき最重要課題の一つである．医食同源という言葉があるように，健康寿命を伸ばすには「食」のさらなる理解とその知識の活用が不可欠である．そのためには，農学全般のさらなる躍進は言うまでもなく，畜産学を活用した健康により良い食料の生産，栄養学や食品免疫学による健康増進に寄与する食品成分のさらなる探索や提案，そして，より活発な医農連携も重要な役割を担うことは疑いようがない．本章の内容が，農学を志す学生にとって興味深いものであり，1人でも多くの学生が畜産学や栄養学・食品免疫学での活躍を志すきっかけとなれば，この学術・研究に携わる研究者・教育者としてまさに本懐である．

**健康寿命**
世界保健機構（WHO）が提唱した新しい指標で，平均寿命から寝たきりや認知症など介護状態の期間を差し引いた期間を指す．日本の健康寿命は欧米諸国に比べて長く，WHO発表の統計データ（2019）では日本の男女の平均は74歳で，世界1位である（WHO）．厚生労働省の掲げる「健康日本21」でも「健康寿命をのばそう！」をスローガンに，運動，食生活，禁煙の3分野を中心に，具体的なアクションを呼びかけている．

## 文　　献

打越綾子編（2018）人と動物の関係を考える．ナカニシヤ出版．

世界保健機構（WHO）World Health Statistics. https://www.who.int/data/gho/data/themes/topics/topic-details/GHO/world-health-statistics

日経BP（2019）本人も家族も苦しい「自閉症児」の症状，"食"で軽減．Beyond Health. https://project.nikkeibp.co.jp/behealth/atcl/feature/00003/080500021/

日本IDDMネットワーク 研究の最前線 バイオ人工膵島移植プロジェクト．https://japan-iddm.net/cutting-edge-medical-technology/bio-artificial-islets/

# ⑨ 海洋資源と食文化

豊原治彦

〔キーワード〕　EPA，海鮮丼，回転寿司，機能性成分，魚介類，刺身，寿司，寿司飯，生食，鮒寿司

## 9.1　日本の水産業

### 9.1.1　はじめに

　本学に入学された学生さんの中で海洋生物に興味をもっている方にその理由を聞いてみると，「魚は健康に良いらしい」，「回転寿司が好き」，の2点を挙げる方が多く，若者が魚にヘルシーなイメージをもっていること，そして魚に接する機会として回転寿司が重要な役割を果たしていることを知った．実際，その後に大手水産会社の幹部の方から，会社の経営方針として魚を素材とした健康食品に加え，回転寿司の寿司だねとして使える新たな魚種を発掘することが経営方針として重要であることを聞いて，なるほどと思った次第である．

　そこで以下では，海洋環境や海洋科学に興味をもっていただくきっかけとして，まず日本の水産業の特徴を地理的および歴史的観点から概説し，次に「本当に魚は健康に良いのか」，「回転寿司はなぜあんなに安くておいしいのか」に注目して概説する．

### 9.1.2　日本は海の国

　日本は四方を海に囲まれ，しかも南北に長いことから北は亜寒帯，南は亜熱帯と幅広い気候帯をもつ（図9.1）．また雨量が多く河川に恵まれしかも複雑な地形を有するため，干潟や河口汽水域，磯，砂浜，藻場などが発達し，それに加え亜熱帯域にはサンゴ礁，マングローブ林，深海には熱水噴出孔などの多様な生態系を有する．

　北からは寒流である親潮が，南からは暖流である黒潮がそれぞれ流れ込んでいることから冷水系と暖水系の両方の海洋生物資源に恵まれており（図9.1），環境省のホームページ（https://www.env.go.jp/nature/biodic/kaiyo-hozen/favor/favor05.html）によると，15,000種といわれる海水魚のうち約25%にあたる約3,700種（このうち日本固有種は約1,900種）が日本近海に生

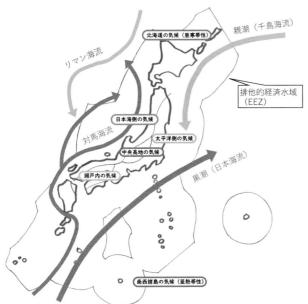

図9.1 日本の排他的経済水域と沿岸を流れる海流

息する．またクジラなどの海棲哺乳類は127種のうち50種，海鳥は約300種のうち122種，海藻は約8,000種のうち1,500種がみられる．日本近海は世界屈指の海洋生物王国なのである．

## 9.2 食品としての魚

### 9.2.1 歴史的にみた水産食品

　このようにわが国は多様な生態系と複雑な海流のおかげで豊かな水産資源に恵まれていることから，昔からさまざまな魚介類や海藻を食糧として利用してきた．例えば農商務省（当時の農水省）が明治28（1895）年にまとめた『日本水産製品誌』には，塩干品，鰹節など200種類を超える水産加工品が記載されている．残念ながらその中のほとんどは現在では消滅してしまっているが，今後，これら消え去った水産伝統食品を発掘していけば新たな名産品が誕生するかもしれない．本書に掲載されていた品目の中で，最近発掘に成功した例としていくつかの魚介類醤油を紹介する．

　一つは「雲丹醤油」で，これはウニの卵巣に塩を入れ練り，熟成させてできた練りウニを圧搾し，出てきた水分を煮沸したものであり，魚介類醤油の中でも最も美味と同書に記載されている．当時のものとは異なるのかもしれないが，類似していると思われる商品が市販されていたので購入して試食してみたが確かに美味であった（図9.2）．魚介類醤油としてこのほかに，「イカナゴ醤油」，「イワシ醤油」，「コノシロ醤油」，「サバ醤油」，「ハタハタ醤油」，「イカ醤油」，「カキ醤油」，「アミ（小エビのこと）醤油」，「貝肉醤油」，「カニ

「濱乃雲丹醤」
（小浜海産物）　　「あみえび醤油」
（新栄水産）　　「鮎魚醤」
（まるはら）　　「最後の一滴」
（能水商店）　　「秋田しょっつるハタハタ100％」
（諸井醸造）　　「丸美屋ナンプ
ラー」（丸美屋）

図9.2　現在入手可能な魚醤油の一部

醤油」などが記載されており，当時，さまざまな魚介類から醤油が作られて
いたことがわかる．これらのうち現在商品化され入手可能なものの一部を図
9.2に示す．魚介類醤油の原型である塩辛については，多くの貝類を含むさ
らに多彩な原料を使ったものが掲載されており，当時の日本人の高度な水産
物の利用と意外な食生活の豊かさがしのばれる．

　魚介類醤油のほかに，当時の輸出品として重要であったイリコ（ナマコの
乾燥品）やフカヒレにも多くのページが割かれている一方，クジラの記載は
わずかしかなく，クジラ食が当時は一般的ではなかったことがうかがえる．

　漁業の側面から見ると，わが国では長年にわたって小規模な沿岸漁業が中
心であったが，第二次世界大戦以降は漁船の大型化により，大手水産会社を
中心とした遠洋漁業が日本の漁業を牽引してきた．しかし昭和50年代の200
海里規制により遠洋漁業は衰退していった．その一方で，沖合漁業によるマ
イワシの漁獲量が急増し，昭和59年には漁獲量は過去最大の1282万tに達
した．しかしその後は海水温変動によると考えられるマイワシ漁獲量の激減
や国際的な漁業規制により漁獲量は減少し，平成30年には総漁業生産量は
442万tにまで落ち込んでいる（図9.3）．

### 9.2.2　最近の魚介類の消費動向

　食用魚介類1人あたりの年間消費量は，平成13年に40.2 kgの最高値を記
録したのち減少に転じ，平成23年にはついに肉類に抜かれ，平成30年には
23.9 kgまで減少している（図9.4）．

　一方，世界に目を向けると魚介類の消費量は日本とは反対に増加傾向にあ
り，例えば中国では過去半世紀に約9倍，インドネシアでは約4倍に増加し
ている．日本の魚介類消費量は依然として世界平均の2倍を上回っているも
のの，最近では約50年前のレベルにまで低下しており，世界の中では例外
的な動きを示している．また，日本の魚介類消費量の変化を年代別にみる

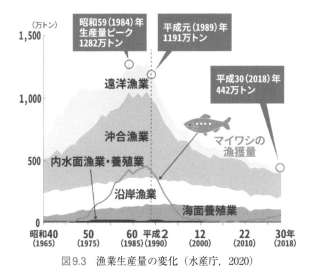

図9.3 漁業生産量の変化（水産庁，2020）

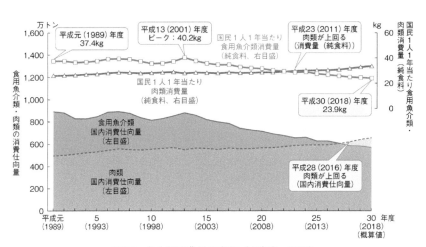

図9.4 魚介類消費量の変化（水産庁，2020）

と，高齢者でやや減少傾向が小さいものの，いずれの世代においても減少がみられる．

食用魚介類の自給率はピークだった昭和39年の113％と比べて，平成30年度は59％に低下している．よく消費される魚介類については，平成元年はイカやエビが多かったのに対し，平成30年にはサケ，マグロおよびブリが多くなっている．これは，これらの魚種は調理が簡便な切り身として売られていることが多いことが理由の一つと考えられる．また，かつては地域によって魚種ごとの購入量に大きな差が見られたが，最近では流通や冷蔵技術の進歩により地域差が減少している．特にサケはノルウェーやチリからの生食可能なサーモンが大量に輸入されており，国内で獲れるサケ（シロザケ）はせいぜいサケフレークに加工されるくらいで，ほとんど国内消費されることなく大半は中国に輸出されている．せっかく稚魚を放流して帰ってきた重要な生物資源なのに残念なことである．

生食可能なサーモン
養殖なのでアニサキスの寄生の心配がなく生食可能であることから，水産業界ではこのようなサケを特に「サーモン」と呼んで従来の加熱用の塩鮭と区別することが多い

　農業や畜産業では対象となる植物や動物は品種改良され，現在では野生種とは大きく異なったものになっているのに対し，水産業で対象とする魚介類はいまなおほとんどすべてが野生種である．そもそも農業や畜産業のように田畑や牧場のような人工環境に出かけるのではなく，漁師は自然環境である海に漁に出かける．養殖にしてもその多くは湾内の一部を仕切って獲ってきた稚魚を育てる畜養であり，天然依存性が高い．つまり漁業は同じ1次産業でも，農業や畜産業と比べて粗放性が高く環境変化の影響を受けやすい．したがって，開発などによる生態系破壊，大気中の二酸化炭素濃度の上昇による地球温暖化や海水の酸性化，マイクロプラスチックなどによる海洋汚染などの影響を受けやすく，今後末永く日本の恵まれた水産資源を利用していくためには，海洋の環境保全に力を注いでいく必要がある．

### 9.2.3　魚食と健康

　イヌイットはカナダ北部やグリーンランドの氷雪地帯に住む民族であり，日本人と同じモンゴロイドに属する．昔からイヌイットは怪我をしたときに血が止まりにくいことが知られていたが，1970年代に行われた研究からその原因がEPA（コラム）と呼ばれる，魚油から摂取された特別な構造をもつ脂肪酸の大量摂取にあることが明らかにされた．その後，わが国における疫学調査からも，漁村に住む人々に循環器系疾患が少ないことが示された．そこで漁村の食生活が詳細に調査された結果，魚介類にさまざまな健康に役立つ成分が含まれていることがわかってきた．また興味深いことに世界的に見て，年間の魚介類の摂取量が多い国ほど殺人事件数が少ないことが報告され，魚介類摂取と社会現象との関連も示唆されるようになった．この調査で調べられた26か国の中で日本は最も魚介類の摂取量が多く，また最も殺人事件が少なかったことから，わが国の治安の良さに魚介類食は一役買っているのかもしれない．

　これらの研究がきっかけとなり，1980年代から魚介類の健康機能についての研究が盛んに行われ，数多くの機能性成分が明らかにされた．その結果，EPAだけでなく，EPAとよく似た構造をもつDHAという脂肪酸にも優れた健康機能があることが明らかとなり，これらの脂肪酸が海洋動物に多く含まれていること，EPAを多く含む海洋生物は同時にDHAも多く含むことが明らかにされた（図9.5）．いまではこれらの脂肪酸は心臓や血管などの

---

**コラム　EPA**

　エイコサペンタエン酸とよばれる不飽和脂肪酸で，ヒトにとっての必須脂肪酸の一つ．同じく不飽和脂肪酸であるアラキドン酸（AA）が獣肉由来であるのに対し，EPAはいわゆる青魚に多く含まれる．最近の疫学的研究から，血中のEPA/AA比が低いと心血管死亡率が約3倍になることが報告され，EPAの健康機能が注目されている．

循環器の病気だけでなく，膵臓がんや肝臓がん，男性の糖尿病の予防，肥満の抑制，さらには胎児や子どもの脳の発育にも役立つということが，医学的に証明されている．諸外国と比べて，わが国の極めて少ない殺人事件の発生数と魚食の関係は，もしかしたら魚に含まれるこれらの脂肪酸が，幼少期の脳の発達に何らかの影響を及ぼすことが関係しているのかもしれない．

そのほか，サケの筋肉の赤色の原因物質であるアスタキサンチンやクジラ肉に含まれるにはバレニンには抗酸化作用があること，サザエなどの軟体動物に多く含まれるタウリンには動脈硬化予防などの多様な健康機能があるこ

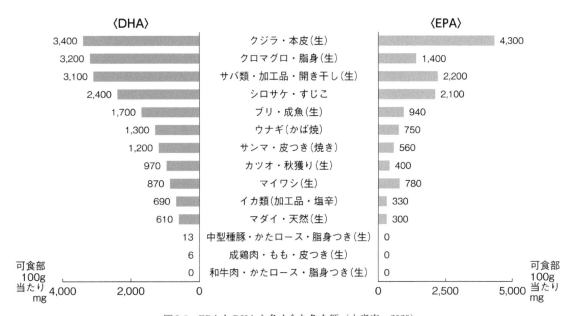

図9.5　EPAとDHAを多く含む魚介類（水産庁，2020）

表9.1　水産食品に含まれる機能性成分（水産庁，2020）

| 機能性成分 | | 多く含む魚介類 | 成分の概要・期待される効果 |
|---|---|---|---|
| n-3（オメガ3）系多価不飽和脂肪酸 | DHA | クロマグロ脂身，スジコ，ブリ，サバ | ・魚油に多く含まれる多価不飽和脂肪酸<br>・脳の発達促進，認知症予防，視力低下予防，動脈硬化の予防改善，抗がん作用等 |
| | EPA | マイワシ，クロマグロ脂身，サバ，ブリ | ・魚油に多く含まれる多価不飽和脂肪酸<br>・血栓予防，抗炎症作用，高血圧予防等 |
| アスタキサンチン | | サケ，オキアミ，サクラエビ，マダイ | ・カロテノイドの一種<br>・生体内抗酸化作用，免疫機能向上作用 |
| バレニン | | クジラ | ・二つのアミノ酸が結合したジペプチド<br>・抗酸化作用による抗疲労効果 |
| タウリン | | サザエ，カキ，コウイカ，マグロ血合肉 | ・アミノ酸の一種<br>・動脈硬化予防，心疾患予防，胆石予防，貧血予防，肝臓の解毒作用の強化，視力の回復等 |
| アルギン酸 | | 褐藻類（モズク，ヒジキ，ワカメ，コンブ等） | ・高分子多糖類の一種で，褐藻類の粘質物に含まれる食物繊維<br>・コレステロール低下作用，血糖値の上昇抑制作用，便秘予防作用等 |
| フコイダン | | 褐藻類（モズク，ヒジキ，ワカメ，コンブ等） | ・高分子多糖類の一種で，褐藻類の粘質物に含まれる食物繊維<br>・抗がん作用，抗凝血活性，免疫向上作用等 |

と，海藻にはアルギン酸やフコイダンなど抗がん作用，免疫機能向上作用，アレルギー予防効果などが期待できる成分が含まれていること，などが明らかにされてきた（表9.1）.

「老化は足から」といわれるように，足の筋肉量の減少が老化につながることはよく知られている．筋肉量の減少を防ぐためには良質なタンパク質を摂取し，ウォーキングなど適度な運動をすることが重要である．魚肉タンパク質はヒトの必須アミノ酸をバランスよく含み，しかも消化性も高いことから，高齢化社会におけるタンパク源としても注目されている.

## 9.3　回 転 寿 司

### 9.3.1　魚の生食文化

魚介類は一般に鮮度低下が早く，そのため昔から『日本水産製品誌』に記載されているような数多くの保存食品が生み出されてきた．これは鮮度低下が早く，しかも特定の季節にまとまって獲れることの多い魚介類を長期保存するための先人の知恵の結集であり，乾燥，塩蔵，発酵，燻製などさまざまな方法が用いられている．筋肉の構造やそれを構成する生化学的な成分は，牛肉や豚肉と比べて魚肉で特に異なっているわけではないのだが，それにも関わらず魚肉の鮮度低下が早い理由としては，丈夫な皮膚で覆われている畜肉と比べて鱗で覆われた魚の皮膚はバクテリアが多く，また筋肉においてコラーゲンを主成分とする結合組織が未発達なため，皮膚からのバクテリアの侵入が容易なことを挙げることができる.

これを読んでおられる皆さんにとっては，身近な魚介類料理といえば回転寿司に代表される生魚であろう．しかし皆さんがこのように生魚を気軽に楽しめるのは，鮮度低下が早いという魚肉が抱える問題を，先人が新たな技術と工夫で克服してきたからである．筆者が子どもの時には魚を生で食べる機会は，自分で釣って来た魚を除けば寿司屋（とても高価な上生食できる魚種も限られていた）以外にはほとんどなかった．もちろん，いまのような持ち帰り寿司もなかった．家庭でできる生に近い魚料理といえばせいぜいサバなどの酢漬け（きずし）程度であったが，その当時はサバの鮮度低下が原因でヒスタミン中毒を起こすことが多かった．ヒスタミン中毒になるとじんましん様の症状を呈するが，これはサバのような赤身魚にはヒスチジンというアミノ酸が多く含まれ，ヒスチジンがヒスタミン産生菌の酵素によってヒスタミンに変換されることによる．ヒスタミンは熱に安定なため，一旦できてしまうと加熱調理しても分解されず，実際，筆者も京都で学生生活を過ごしていたときにサバの煮物を食べてヒスタミン中毒になり，とても苦しんだ経験がある．今は昔の物語である.

　歴史学者の樋口清之氏は「未開文明ではかえって生食は少ない．現在にお
ける動物食品の生食はけっして原始古代食のなごりではなく，食文化が発達
し料理法が極限に達してから現れた物であって，かえって文化の高さを示し
ているといえるのである」とその著書（樋口，1960）で述べている．つまり
生魚を日常の料理に取り入れるには，漁獲方法，養殖技術，調理方法などの
発達ももちろんだが，それに加えて活魚輸送，冷蔵技術，輸送方法などの進
歩が不可欠であった．

　「すし」には寿司，鮨，鮓などの漢字が当てられるが，「寿司」は音を合わ
せた当て字，「鮨」は塩辛様の発酵食品，「鮓」は米などの穀物を利用した乳
酸発酵食品であり，最近では漢字だけでなく「SUSHI」という表記もグ
ローバルに用いられている．本書ではこの中で一般に使われることが多い
「寿司」を用いることにする．

　刺身は魚の生食料理として寿司とセットとして語られることが多いが，刺
身が新鮮な生の魚肉を食べる比較的最近に発達した料理であるのに対し，寿
司は乳酸発酵を利用した長い歴史をもつ伝統的食品である．日本人の多くは
鮮度の良い魚肉を例えば「コリコリした歯ごたえ」と表現するように，味よ
りも食感を重視することが多い．しかし，外国人が来たときに刺身を食べな
がらこの話をすると，刺身の歯ごたえは硬いほうが良いのか，それとも柔ら
かいほうが良いのかと聞き返されて，「新鮮な魚肉＝歯ごたえが良い＝おいし
い」という感覚は国際的には通用しない現代日本人の頭の中に作られた妄想
かもしれないと，筆者は思うようになった．日本にはたくわんやせんべいの
ような歯切れの良い食品を好む食文化があり，活け造りにみられる味より食
感を重視する魚料理が日本人に好まれることの背景には，このような独特の
歯ごたえ嗜好があるのかもしれない．

　不思議なことに刺身と寿司は同じ生魚料理であるにも関わらず，日本人の
好きな食べ物ランキングで寿司は常に上位に入っているが，刺身はまったく
入ってこない．その理由は，刺身とは異なり，以下に述べるように寿司は長
い歴史をもつわが国の伝統食品だからである．

### 9.3.2　寿司の歴史

　周りを海に囲まれた日本では塩は海水を煮詰めることで簡単に作ることが
できた．そのため腐りやすい魚を塩漬けすることで長期保存できることは，
かなり早い段階で知られていたと思われる．年間を通じて気温が高い熱帯域
では塩漬け状態での発酵の進行が早いため，魚は短時間で液体状態になり魚
醤油のような調味料として利用されるようになったが，温帯域に位置する日
本では発酵の進行が熱帯に比べ遅いため，魚の姿を保ったまま比較的長期間
保存することが可能である．しかし塩漬けした魚は強烈に塩辛いので，何ら
かの方法で塩抜きしないことには，そのまま日常の食糧にはなりえなかっ

た．当然，水に漬けて塩抜きをするというのは真っ先に試みられたと思われるが，水に漬けると浸透圧が急に下がるため肉がブヨブヨになり，しかもうま味成分が急速に流出するためおいしくないので，当時の人々はおそらく種々の濃度の塩水で試行錯誤していたことと思われる．

　稲作が始まると定住生活が一般的となり，農村で淡水魚を食べる機会が増えたこと，また米が日常的に利用できるようになったことから，先進的な発想をもった弥生人の一部に，塩漬けした淡水魚を炊いた米飯に漬け込んでみようと考えた人がいても不思議ではない．この方法の長所は漬けている間に徐々に塩抜きが進むため脱塩過程がコントロールしやすいこと，また同時に乳酸発酵が進行し保存性が増すことにあり，これが寿司のプロトタイプである「なれ寿司」の誕生につながった．なれ寿司の一部はいまでも残っており，例えばニゴロブナを材料にした滋賀県の名物である鮒寿司（図9.6，コラム）は，夏前に仕込み半年以上発酵させて作られる．この間に乳酸菌の酵素により分解が進み，白米は粥状になり（図9.6の写真の下の白い部分），フナはチーズのような独特の風味を呈するようになる（図9.6の写真の上の部分．黄色い部分は卵巣）．好き嫌いがはっきりと分かれる食品であるが，比較的入手しやすいので機会があればぜひ挑戦していただきたい．このほかにもサバ，アユ，サンマなどさまざまな魚のなれ寿司もネット販売などで入手可能なので，魚の発酵食品に興味のある方はぜひ挑戦していただきたい．

　なれ寿司は酸性条件下では腐敗が進行しにくいことを利用した保存食であり，酸性にするために乳酸発酵を使っている．酸性環境を作り出すのに手っ取り早いのはいまでは酢を使うことだが，アルコール発酵の副産物である酢が大量生産できるようになるには江戸時代を待たなければならなかった．このような醸造酢を使った寿司飯の開発が現在の寿司（「なれ寿司」に対して「はや寿司」と呼ばれる）の始まりであり，東京湾の江戸前の魚を材料として広まったことから，江戸前寿司とも呼ばれる．当時は冷蔵技術がなく魚の鮮度低下を制御することが難しかったので，寿司だねは魚を煮たものや，酢や醤油漬けにしたものが使用されていた．つまり，この時点で寿司は時間をかけて作る発酵食品ではなくなり，酢飯の上に魚を原料とした具材をのせるという現在の寿司のプロトタイプとして完成していたといえる．その後，漁獲方法や冷蔵・冷凍などの鮮度保持技術，輸送方法の発達などによって寿司だねが多様化し，現在に至っている．

図9.6　鮒寿司

---

**コラム　鮒寿司**

　鮒寿司作りのコツは夏場の温度と乳酸菌の管理にある．例えば夏場の午前中に強烈に日光が当たり，午後は日陰になるような場所に漬け樽を置くことのほかに，赤ちゃんが生まれた家庭ではその年は良い鮒寿司は期待できないことなどが知られている．これは新生児に付着する乳酸菌は，鮒寿司作りには適さないことによるらしい．

### 9.3.3　回転寿司の登場

　回転寿司は「コンベヤ旋回食事台」として，1958年に大阪ではじめて登場した．それまでは寿司は一般人が日常的に気軽に楽しめるものではなかったが，回転寿司の登場によりいまではファミリーレストラン感覚で寿司を食べに行けるようになった．現在では，2かん100円で握り寿司を提供する回転寿司（いわゆる100円寿司）が主流となっているが，その一方で高級江戸前寿司ではおまかせで一人前が4万円を超えるところもある．100円寿司では1かん50円で提供しているのに対し，概算であるが高級店では1かんが3,000円以上になる場合もある．なんと60倍もの価格の違いである．数ある食品の中で同一食品でここまで価格差があるものはほかにない．しかも驚くべきことにこのような高級店には予約困難店も多いという．確かに牛肉は100g当たり200円くらいのものから，高いものでは1万円を超えるものもあるかもしれないが，高いものは特別な品種をとてつもない手間暇をかけて育成したいわば芸術品であり，宝石のように希少なものである．しかも牛肉は原材料であって調理された料理ではない．例えば1枚1,000円で食べられるステーキがある中で，1枚6万円のステーキを食べに行く人がはたしてどれだけいるだろうか．

　刺身は魚肉そのものを食べるので鮮度勝負の要素が強く，最近では活け造りとして生簀から取り上げた魚をおろしてすぐに客に影響することも多い．この場合は魚肉がまだピクピクと動いていて新鮮感は高く歯ごたえはとてもしっかりしているが，その反面，肉の熟成はまったく進んでいないので，味については醤油や薬味の力を借りて食べている（図9.7の左）．

　それに対し寿司は魚肉と寿司飯とが一体になった，つまりタンパク質（トロのように寿司だねによっては脂肪）を主成分とする魚肉と，でんぷん質を主成分とする寿司飯とからなる複雑な調理食品である（図9.7の中）．寿司飯は酢だけではなく砂糖や塩も含み，さらには寿司飯の口中でのほぐれ方や温度などの物理的な要素も寿司の品質に重要な影響を与える．つまり同じ生魚を使っていても魚肉をそのまま食べる刺身と，魚肉を寿司飯と一緒に食べ

刺身（活けづくり）　　　　　握り寿司　　　　　　　海鮮丼

図9.7　代表的な生魚（なまざかな）の料理

る寿司とでは，魚肉の果たす役割がまったく異なる．100円寿司に代表される回転寿司は，活魚輸送や鮮度保持技術の恩恵をフルに生かし，さらに「魚は鮮度が命」という多くの日本人がもっている鮮度神話を上手に刺激することで，寿司を本来の寿司とは別の「寿司飯に刺身がのったもの」という食品に仕立て上げて現在の隆盛を築き上げたといえる．このように単に刺身を寿司飯にのせた100円寿司とひと手間かけた魚肉をのせた江戸前寿司とは見た目は区別がつかないが，実は別の食品であると理解してしまえば，60倍の価格差があることもうなずけないでもない．

　価格の高い料理を作ることは簡単である．原材料に糸目をつけず，江戸前寿司にみられるさまざまな技を施し，また最近のはやりである長期間の熟成をかければおのずと価格は高くなる．その結果として1かんが3,000円になっても，それでも食べにくるコアな客層が存在することが，江戸前寿司という伝統的魚料理が生き残ってこられた理由であろう．

　むしろ驚くべきは1かんを50円で提供できるビジネスを成功させている100円寿司の企業努力である．人件費削減に大きく寄与した「自動給茶付きコンベア」，「皿カウンター水自動回収システム」，「タッチパネル式注文システム」，「寿司握りロボット」，「ICチップを用いた鮮度管理システム」，さらには最近では「ビッグデータ解析による注文予想」に加え，「江戸前寿司では決して使わないサーモンの採用」，「安くておいしい新規原材料の開拓」，「混獲などで廃棄されていた未利用魚の活用」など，その創意工夫には枚挙にいとまがない．

　寿司は日本で生まれて世界に広まったわが国が誇る食文化である．回転寿司はその寿司文化に新たな方向性を与えてくれたという点で，その果たした役割は非常に大きい．回転寿司を接点として若者が魚食に興味をもち，魚介類のもつ栄養価値に気付いてくれる機会を与えてくれたことの意味も大きい．おそらく魚食における回転寿司の果たす役割は，これからもますます大きくなっていく．そのためには人件費などの固定経費の軽減とともに，新たな寿司だねの開拓が必須と思われる．筆者は養殖技術の向上に加えて，地魚と呼ばれるその海域に特異的な未利用魚の活用と，そのための沿岸漁業の活性化がカギを握っていると考えている．

　日本は海に囲まれまた南北に長く，しかも暖流と寒流のもたらす多様な生物資源に恵まれた海洋王国である（図9.1）．しかし，最近では近隣諸国との軋轢，海洋汚染，日本人の魚離れなど，恵まれた海洋生物資源を十分に水産食品資源として活用できなくなってきている．日本人の魚離れの原因は，日本人が魚を嫌いになったことにあるわけではなく，安くてヘルシーなイメージをもつブロイラーの登場によるところが大きい．例えば鶏胸肉は安いスーパーでは100 gあたり40円以下で売られているが，最も安い魚肉であるカツオ，キハダマグロ，チリギンザケなどでも100 g当たりせいぜい98円といっ

たところであり，鶏胸肉の2倍以上の価格がつけられている．これは，ブロイラーは生後1月半で出荷サイズに成長するの対し，例えばマダイでは出荷サイズにまで成長するのに2年（かつては3～4年かかっていた）を要するためである．しかもブロイラーはいろんな料理に使うことができるが，魚料理のバリエーションはブロイラーにはとてもかなわない．このような理由から，魚がブロイラーとまともに食材として戦っても価格や使い勝手の面で勝ち目がないことは明らかである．したがって，今後は魚介類の食材としての多様性を活かした高付加価値商品としての販売戦略，つまりブロイラーより少し価格は高いが，いろんな種類があって飽きが来ず，ブロイラーにはないさまざまの機能性成分を含んでおり，しかも生でも食べることができるという特性を活かした新たな食品の開発が必要となろう．

　筆者は最近見かけることが多くなった海鮮丼が，刺身と寿司の長所を活かした成功例ではないかと思っている（図9.7の右）．海鮮丼は寿司と同様に，生魚とご飯（必ずしも寿司飯でなくてもよい）とのコラボ食品であるが，握り寿司のような職人技を必要としないので価格を安く設定できる．しかも多彩な刺身材料やトッピングを使うことで，豪華で見栄え（今風に言うと「インスタ映え」）がするものを作ることができる．味付けも醤油とわさび以外にも洋風や中華風などいろいろと工夫の余地があることから，今後グローバルな展開もできるのではないかと期待される．

　一方で回転寿司に負けない新しい魚食文化も生まれつつある．その代表である練り製品業界の救世主，カニカマの開発物語についても皆さんにぜひ知っていただきたいと思っていたが，紙面がつきてしまいお伝えすることができないのはとても残念である．いまや国際的な食材となったカニカマについては，機会を改めてご紹介したい．

**多様な海鮮丼**
最近では魚食の普及を目的として，水産庁が公式ブログで「1か月毎日海鮮丼チャレンジ」という記事を掲載しているので，興味のある方は検索して読まれることをお勧めする．海鮮丼のバリエーションが多様なことに驚かれると思う．

## 文　　献

水産庁編（2020）水産白書 令和2年版.
竹内俊郎ほか編（2010）水産海洋ハンドブック，生物研究社.
農水務省編（1983）日本水産製品誌 復刻版，岩崎美術社.
樋口清之（1960）日本植物史—食生活の歴史，柴田書店.

# 食品科学と農業

吉井 英文

〔キーワード〕　食品加工，機能性食品，うどん，噴霧乾燥

　食品加工は，農業により生産される農畜産物（1次産物）の付加価値を上げるための重要な産業である．日本人の主食である米は，消費者が食べるために精米する，ぬかを脱着させた無洗米にする，米を加熱炊飯した包装米飯を生産，コンビニで販売しているおにぎりにする，または米からお酒を発酵により生産するといったさまざまな形態に変えられている．この形態変化のために，種々の食品加工技術が利用されている．食品や食品加工の原理にまつわる物理，化学，生物学的現象を研究する食品科学は，農学の基礎科学の一つである．

## 10.1　食　品　加　工

### 10.1.1　「食品加工」の位置付け

　日本の産業において，食品加工は非常に重要な位置にある．農業は田畑で穀物，野菜，または果実を生産することで，畜産業はウシ，ブタ，またはニワトリを生産すること，漁業は海で魚を捕獲することである．これら農畜水産業は1次産業であり，その生産物を1次生産物という．この農畜水産物である1次生産物を工場で加工して食品や食品素材を作るのが2次生産である．2次生産物をさらに加工調理して食堂やコンビニで販売されている形・3次生産物にするのが3次生産である．2015年のデータと少し古いが，わが国の農林水産物・食品の流通加工は，国内で生産された11兆3000億円の食用農林水産物が，流通・食品加工により83.8兆円となって消費される構造となっている．この国内消費のうち加工品の占める割合が50%と高く，第1次生産物を加工する食品加工業の重要性が認識できる．

### 10.1.2　食品加工の目的

　食品は，1次生産物をそのまま食べるわけではなく，何らかの加工処理を施して食べやすくしている．例えば，うどんは小麦と食塩水を原料とする

大豆加工食品ゼロミート（大塚
食品の製品）

大豆やこんにゃくなど植物由来の原料を使った
ナチュミート（日本ハム）

図10.1　植物性タンパク質を用いた模擬肉商品
それぞれの写真は，大塚食品，日本ハムのHPより引用した．

が，小麦をそのまま使用するわけではない．小麦は，製粉しフスマを除去し
たのち小麦粉とする．小麦粉に食塩水を添加し練った生地を混捏，熟成，圧
延後茹でて茹麺とする．この加工操作や過程を食品加工または食品製造とい
う．食品加工の目的は，可食化，貯蔵性の向上，嗜好性の向上，利便性の付
与が挙げられる．近年は，食品を食べることにより心身の調子を整え，病気
の予防やリスクの低減を期待した食品の加工（機能性食品の製造）が注目さ
れている．近年食品開発において，人口増加，肉を食べない人の増加，食糧
生産物（小麦，トウモロコシ，米）の不足，高齢者の急激な増加といった要
因により，オーダーメイドの食品の開発，食品加工の機械化，食品加工の小
型化とAI制御，医食同源に基づいた機能性食品開発といった多くの新規な
課題に取り組むとともに，食品ロスの低減化，食品包装技術の改善といった
環境問題とリンクした食品開発が盛んに検討されている．現在，多くの研究
機関では，人口増加に伴う食糧需給量増加に対する対策として，植物タンパ
ク質の利用が進められている（図10.1）．なぜなら，動物性タンパク質であ
る肉1kgを作るのに穀物11kgが使われているからである．

世界人口と食料需要量
2020年には78億人，2050
年には86〜93億人に増加
し食料需要量は2050年に
は現在の1.7倍必要と推定
されている．

消費カロリー
体重50kgの人が時速
8.0km/hで30分間走った
場合（距離4km）消費カ
ロリーは，218kcalである．
時速4km/hの30分間の
ウォーキングの場合（距離
2km）は，79kcalの消費
カロリーである．

## 10.2　食品とカロリー

　生物が生活していくために外界から取り入れる物質を栄養素といい，生命
活動に利用することを栄養と呼ぶ．我々が生きていく上で不可欠な食品の機
能を，1次機能と呼ぶ．大学食堂などで食事を注文した際，レシートに食事
を食べることで摂取できる「カロリー」が表示されている．「カロリー（cal）」
とは，エネルギーの単位の一つである．エネルギーの単位には，ほかにも
「ジュール（J）」があるが，ジュールは主に科学の分野で使われており，食

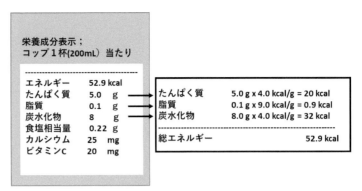

図 10.2　栄養成分表示とエネルギー換算例

品に含まれるエネルギーの単位を表すときにはカロリーを用いるのが一般的である．1 cal は，水 1 g を 1 気圧のもとで 1°C 上昇させるのに必要なエネルギーと定義されている．エネルギーとは，人間が身体を動かすために必要な活動の源で，エネルギー（仕事）の定義は仕事をすることのできる能力を意味する．仕事 $W$ は，ある力 $F$ で物体を距離 $l$ 水平移動させたとき $W = F \cdot l$ で求められる．

　三大栄養素のそれぞれ 1 g あたりには，タンパク質では 4 kcal，脂質では 9 kcal，炭水化物では 4 kcal のエネルギーが含まれている．図 10.2 に食品のエネルギー計算例を示す．健康のために食事の際は，エネルギー摂取量ばかりでなくエネルギー消費量のバランス（エネルギー収支バランス）を保つことが重要である．

　日本人の食事摂取基準（2020 年版）では，1 日に必要なエネルギー量として，基礎代謝量に身体活動レベルを考慮して算出された推定エネルギー必要量が，年齢ごとに示されている．体重は，エネルギー摂取量が消費量を上回る状態が続くと増加する．食事により摂取する「エネルギー量」と 1 日の活動により消費されるエネルギー量の収支を考えた食生活が重要である．2015 年の農林水産省「食料需給表」，厚生労働省「国民健康・栄養調査」では摂取段階で必要なカロリーの 1.5 倍の食品を摂取していると推察されている．そのため，体重が 1.5 倍増加し，これが生活習慣病の増加の原因と考えられている．健康な生活を営むためにも，バランスの良い食事の摂取と適正な運動の組合せが，健康長寿社会実現のために推奨されている．

**力の単位**
力の単位は，N（ニュートン，N = kg m/s²）で表され，仕事 $W$ の単位はジュール（J = N m）で表される．1 cal は，4.18 J である．現在は，栄養学ではカロリーが用いられているが SI 単位である J に置き換わっていくものと考えられる．

## 10.3　食品科学からみたうどん

　図 10.3 の写真は，香川県のうどん屋で出されているうどんの写真である．うどんは，小麦粉，塩，水だけでできたシンプルな食品である．うどんの作

り方は，最初小麦粉に食塩水を入れすばやくかき混ぜる．小麦粉がダマにならないように混ぜ，次に小麦粉に塩を加え，小麦粉のグルテン形成を促進させる．液体を混ぜる操作を攪拌といい，この生地を捏ねる操作は混捏という．グルテンとは，小麦中のタンパク質であるグルテニンとグリアジンが水を吸収して網目状につながったもので，うどんのコシを生み出すモチモチした食感を作り出すタンパク質である．小麦粉に塩を加えて練っただけでは，うどんはできない．小麦粉を固めた生地を，うどん生地を寝かせるといった「生地の熟成」が必要である．生地の熟成期間中に，物理的，化学的変化が起こると考えられている．

　物理的変化には，①構造緩和が生じる：寝かすことによって柔らかくてよく延びるようになる，②水分の均一な分布，③生地からの脱気が挙げられる．化学的変化としては，① SH 基量の減少と SS 結合量の増加，②酢酸抽出タンパク質量の増加，③酢酸抽出溶液の粘度増加，④結合脂質量の増加が挙げられる．これらの物理的変化と化学的変化はうどんの粘弾性の増加に寄与している．うどんの生地を熟成後，麺棒により生地を薄く延ばす．生地の圧延によりグルテンの配向方向が決まる．機械による圧延は一方向であるが，手打ち式では多方向に伸ばされる．圧延後，麺を線切した後茹でてこれを水洗いして茹麺ができあがる．この茹で過程中に，食塩の9割以上はお湯に溶け出すため加えた食塩が麺に残っているわけではない．麺中のでんぷんにはアミロースとアミロペクチンという2種類の成分が含まれている．麺を茹でると，50℃以上でアミロースが溶けだす．麺中のグルテン網目状構造内のアミロースが溶けだし，その空間に水が入り込む．網目状構造内のアミロペクチンが水を吸収し膨潤する．65℃以上になると，でんぷんが糊化しはじめ透明になる．茹でた麺は，茹で直後がおいしく，時間が経つとコシが低下する．これは，茹で後の放置により茹麺表面付近の水分の麺内部（中心部）への移動による水分勾配の減少とでんぷんの老化によるものと考えられる．糊化でんぷんは老化すると硬くなる．

図10.3　香川県のうどん屋で出されているうどんの写真（香川大学農学部の先生の提供）

表10.1　小麦粉の特質

| 原料小麦の種類 | 硬質小麦 | 中間質小麦 | 軟質小麦 | 軟質小麦 |
|---|---|---|---|---|
| 小麦粉の種類 | 強力粉 | | 中力粉 | 薄力粉 |
| グルテン量 | 多い ──────────────── 少ない | | | |
| グルテン量の性質 | 強い ──────────────── 弱い | | | |
| 粒度 | 粗い ──────────────── 細かい | | | |
| 主な用途 | パン，餃子の皮，中華まん，ピィツア | うどん，その他の料理 | | ケーキ，お菓子，天婦羅 |

　小麦粉と食塩水のみを原料とするうどんであるが，グルテン網目状構造の形成，でんぷんの糊化，麺内の水分分布等物理的，化学的現象が複雑に絡みあいうどんのおいしさを形成している．このうどんの粘弾性構造と化学構造に関する研究について，分子レベルから物理化学やタンパク質，糖質科学などの面から多面的に検討するのが，食品科学である．うどんの製造工程である混捏，生地の熟成，圧延等の操作条件とうどん麺の特質の関係を検討するのが，食品（加）工学である．原料である小麦粉の特質は小麦により決まり，小麦の選択は非常に重要である．そのため，小麦のタンパク質含量やその成分，製粉した小麦粉の特質は，うどんの食感に大きな影響を及ぼす．うどんの食味は，テクスチャーが大部分であり化学的な味の寄与は小さいと考えられている．小麦粉はグルテン含量の多い順に「強力粉」「中力粉」「薄力粉」の3種類に分けられている．グルテン量の多い「強力粉」は，弾力ができすぎるのでうどんにはあまり向いていない．うどんを作るために適した小麦粉は，中間質小麦から製粉された「中力粉」である．「薄力粉」はうどんのコシが弱いのでうどんには向いていない．香川県では，うどんに適した小麦の生産に取り組んでいる．北海道でもうどんの色も食感も「オーストラリア産」級と評される新品種「きたほなみ」を開発している．

## 10.4 異 性 化 糖

　異性化糖は，ブドウ糖（グルコース）と果糖（フルクトース）を主成分とする液状糖である．果糖はショ糖（砂糖）（図10.4）の構成糖の一つで糖類の中で最も甘い．異性化糖は，低温で甘味度が高く清涼感が強いことから多くの飲料に入れられている．異性化糖の甘味は，砂糖の甘味を100とすると果糖42%の異性化糖で70～90，55%のもので100～120と40℃以下の温度で砂糖より甘くなる傾向がある．異性化糖には，果糖含有率50%未満のブドウ糖果糖液糖，果糖含有率50%以上90%未満の果糖ブドウ糖液糖および果糖含有率90%以上の高果糖液糖，さらにそれらの糖の量を超えない範囲で砂糖を加えた3種類の砂糖混合異性化液糖がある．この異性化糖は，主にトウモロコシから作られている．日本では，北海道のジャガイモや鹿児島，宮崎

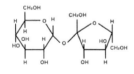

グルコース　フルクトース

図10.4　砂糖（ショ糖）の構造式

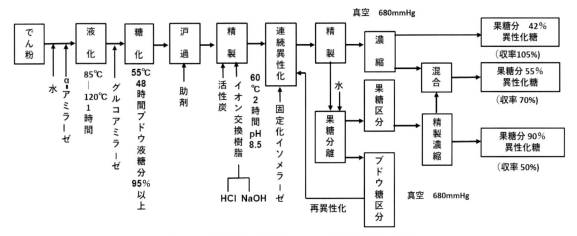

図10.5　異性化糖の製造プロセス（池田ほか編，1986）

で作られているサツマイモから作られている．これら原料からでんぷんを抽出して，その後，酵素を使って異性化糖を製造している．でんぷんは，原料の洗浄，摩砕，分離，精製，脱水，乾燥により製造されている．食品素材や食品の製造，加工に用いられているこれら操作は，単位操作（unit operation）と呼ばれ，これら単位操作の複数個を組み合わせた製造プロセスによって生産される．異性化糖はでんぷんから三つの酵素を用いて生産される．異性化糖の生産フローを，図10.5に示す．はじめに，でんぷんを水に溶ける低分子にする操作が液化である．でんぷんに水と$\alpha$アミラーゼを加え，95℃前後ででんぷんを低分子化する．この溶液を，55℃程度まで冷却し，グルコアミラーゼを加えてブドウ糖にまで分解する．このブドウ糖を精製して95％以上の溶液を作製する．このブドウ糖に，60℃で異性化酵素グルコースイソメラーゼを加えて，果糖を生成する．または，グルコースイソメラーゼを固定化したバイオリアクターを通過させて異性化糖液を製造する．この混合糖を，クロマトグラフィーという分離装置を使って果糖の濃度の高い異性化糖を作製できる．食品加工は，このように物質変換の化学反応を伴う場合があり，反応操作と総称される．

バイオリアクター
生体触媒を用いて生化学反応を行う装置の総称である．下水処理施設や水族館の水質浄化施設もバイオリアクターの一種といえる．

## 10.5 乾　　　　　　燥

インスタントコーヒーは，日常多く使われている．インスタントコーヒーは，原材料である精選されたコーヒー豆を煎った（焙煎）後数種類のコーヒー豆を組み合わせた配合操作を行う．そのコーヒー豆を粉砕し，粉砕コーヒー豆から熱湯（工業的には150〜180℃）でコーヒー液を抽出し，その抽出液（コーヒーエキス）を凍結乾燥，または噴霧乾燥により粉末化する．この粉末を，包装したのがインスタントコーヒー粉末である．乾燥は，対象と

する食品の水分を除去することにより，食品の成分活性を低下させ微生物の増殖を抑え長期保存を可能にするとともに，操作性，輸送性を上げる．噴霧乾燥は，液状材料を微小液滴に噴霧し，これを熱風により乾燥して，十数秒の間に粉末製品とする方法であり，インスタントコーヒー粉末をはじめとする種々のインスタント粉末食品を製造するプロセスに多用されている．図10.6に噴霧乾燥装置の概略図を示す．アトマイザーは，噴霧乾燥機の中で最も重要なユニットである．供給液をできるだけ微粒化し，液滴の表面積を拡大して速やかに乾燥を終了させるためである．

　熱風との接触により液滴表面から水が蒸発し，乾燥の進行に伴って液滴表面に乾燥被膜が生成される．この乾燥被膜内でのフレーバーの移動速度は，乾燥被膜の固形分濃度が高い場合水の移動速度に比較して極めて小さくなり，水は蒸発するがフレーバー成分はその多くが蒸発せず液滴内に残留することになる（図10.7）．このようにフレーバー成分と水の移動速度の差（分子拡散係数の差）を基にして，フレーバー包括を論じたものが"選択拡散理論"である．熱風による乾燥において，初期の液滴表面を速く乾燥させればフレーバー成分の保持率が改善されるという考えは，i) 熱風温度を高める，ii) 固形分濃度の初期濃度を高くする，iii) 乾燥空気の湿度を低くする，iv) 熱風速度を速くすることにより噴霧乾燥によるフレーバー成分の保持率が向上する．これらは，液滴表面の被膜形成を速める操作条件であり，被膜形成がフレーバー保持率と密接に関係していることが認識できる．

　凍結乾燥とは，濃縮されたコーヒー液を−40℃程度の低温で凍結させ，真空で水を昇華させる．凍結乾燥は凍結状態にある材料から氷を昇華させて

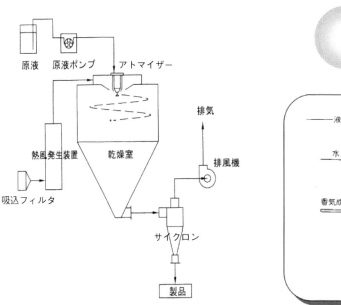

図10.6　噴霧乾燥機の概略図　　　　　図10.7　液滴表面の構造

水分を除去するプロセスである．図10.8に，純水の三重点近傍の相図を示す．大気圧下の乾燥による材料水分の相変化は，A1（氷）から液状水を経てA2の水蒸気への変化で示され，材料内で相変化しながら移動する．これに対して，三重点以下の圧力では図中のB1の氷の状態からB2の水蒸気（気体）の変化で表される．この低い圧力での昇華操作（氷が水蒸気となって食品を移動し，食品から水蒸気として水分が蒸発する）は，昇華により自由水などの大部分の水分を除去する一次（昇華）乾燥期と，続いて結合水などの残留水分を除去する二次乾燥期に分けられる．凍結乾燥の特徴は，材料内の水分が水蒸気（気体）として移動することである．そのため，凍結乾燥品は多孔質構造となり，復元性，溶解性に優れ，色調，香り，ビタミン類の保持が良好で，低水分のため長期保存が可能となる．

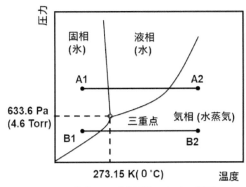

図10.8　純水の三重点近傍における相図

---

### ⊃∋ᴧ　噴霧乾燥粉末の形態と粉末の焦げについて

　乾燥は，食品中の水を気体状態で除去する操作で，食品中の水を少なくして腐敗や酵素反応を防止し食品の保蔵性を上げるための単位操作である．図10.9に，油脂粉末の表面構造，および切断面構造の電子顕微鏡写真を示す．粉末の表面構造は，丸いボール状のものやくぼみが多くあるもの，しわがみられるものなどがある．粉末断面構造は，粉末中央に空孔があるもの，油滴が球殻に存在するものや，油滴が大きい

粉末や，粉末内部に結晶をもつものなどがある．乾燥には，湿った材料に熱を与え水分を蒸発させるための熱（蒸発熱）が必要である．熱風からの熱が水の蒸発に使われ，液滴（乾燥中の粉末）の温度が熱風の湿球温度以上にあがらないため，乾燥中の液滴温度（品温）は90℃以下であることが多い．この噴霧乾燥の出口空気温度は乾燥速度を決め，乾燥粉末の含水率に影響するため非常に重要な操作因子である．粉末中の成分の劣化を防ぐためにも，噴霧乾燥の出口空気温度は低いほうがいいが，粉末の含水率を下げるためには出口空気温度が高いほうがいい．そのため，噴霧乾燥で食品粉末を作製する場合出口空気温度は80℃から90℃であることが多い．

■ 油脂粉末の表面

■ 油脂粉末の切断面

図10.9　噴霧乾燥粉末の表面構造と切断面構造

インスタントコーヒー粉末の形は，噴霧乾燥と凍結乾燥によって違う．これは上述したように，乾燥法の違いによって生じる．同じように乾燥法によって大きく特徴がかわる食品に，インスタントラーメンがある．インスタントラーメンは，乾燥方法の違いによって大きく「油揚げめん」と「ノンフライめん（熱風乾燥めん）」に分けられる．「油揚げ」は，麺を入れた金属枠ごと140〜160℃の揚げ油に入れ，1〜2分通過させ，生地の段階で30〜40%あった水分をここで3〜6%までとばす．この過程で，でんぷんのα化がさらに進む．それに対して，ノンフライ麺は80℃前後の熱風で30分以上乾燥させる．そのため，調理時にでんぷんをα化することで，生麺に近い食感が得られる．

## 10.6  食品の特徴とおいしさ

食品科学は，食品に関する総合科学である．生物素材である1次生産物（農水産物）を食材や食品素材する過程（食品を口に入れるまで）の科学を食品加工学，食品化学で取り扱い，食材，食品を口に入れてからの科学を生化学，栄養科学で取り扱う．食品のおいしさは，味ばかりでなく色，形などの見た目や香ばしさなどの匂い，口に入れたときの歯ごたえによっても変わる．食品の味は，食品の嗜好を決める重要な因子であり，甘味，酸味，塩味，苦味とうま味の五つの基本味に辛味，渋味を入れて味（味覚）という．この味と味のひろがりにこくと食品の香りを入れて食品の風味という．この風味は，食べ物，飲み物がもっている香りや味わいをいい，食品の「匂い」「香り」を指すことが多い．この風味と食品の歯応え，粘度のテクスチャー（触覚）と食品の色，形（視覚），食品を食べたときの音（聴覚）を含めたものを，食味という．この食味と食べるときの心理状態，食習慣，食文化などの食環境，食べる場所などの環境や気候が，食のおいしさに影響する．このように，食のおいしさは味ばかりでなく食品の匂い，形，テクスチャーが影響する．前述したうどんの「こし」もうどんのおいしさに影響するテクスチャーである．食品の咀嚼や嚥下の過程で，口腔内の触覚により知覚される「食感」を，「テクスチャー」と総称する．テクスチャーとは，硬さ，凝集性，粘性，弾性，付着性の力学的特性に，粒子径と形，その形状の幾何学的特性，および含水率や油脂含量のその他の特性を含む特性と考えられているが，一般的には，固体食品，半固体食品のテクスチャーは，力学的特性を指しレオロジー的性質も包含される．一般的には，「かたい」「やわらかい」「なめらか」「ぼそぼそした」等の力学的性質を指すことが多い．

食品を食べる過程（摂食過程）は，1次生産物を産出するのに月，年の時間を要する農作業，多くの時間や日数をかけて実施する食品加工過程，時間

おいしい
おいしいを表す言語は，英語ではdelicious, tasty，フランス語でC'est bon（セボン），ドイツ語でköstlich（ケストリッヒ），lecker（レカー），韓国語でマシッソヨォ，中国語で好吃（ハオチィ），スペイン語でrico / rica（リコ／リカ）等という．

が必要な調理，食べたものを吸収，消化する過程等に比較して非常に短い．摂食過程で口に入る数cmから数mmの固形，半固形，液体を入れ咀嚼することで，小さく飲み込むことのできる大きさにする．

　食品を食べている過程の食品の物理的変化が，おいしさや高齢者用介護食品の開発のため研究対象として注目されている．固体状食品はテクスチャー，液体食品はフレーバーが食感に大きな影響を及ぼす．また，口腔内時間的変化を伴う調味料，フレーバーは，味を演出する上で非常に重要である．咀嚼した後食品を飲み込むことを嚥下といい，近年高齢者人口の増加に伴い嚥下困難者用食品開発が盛んに実施されている．

## 10.7 食 品 と 水

　食品成分の保存安定性は，食品中に存在する水に大きく依存する．食品の成分には，水，タンパク質，糖質，脂質，ミネラルなどが挙げられる．食品中の水は，食品中に存在するこれらの物質の物理的性質，化学的性質に大きく影響する．食品中の微生物の増殖においても，水は重要な要素でである．食品中の水の活動度の指標として，水分活性がある．水分活性は，図10.10に示すように食品中の水（自由水）が食品中の表面から蒸発して示す水蒸気圧 $P$ を同温度での純水の水蒸気圧 $P_0$ で割った値（$P/P_0$）である．

　食品中の水分の一部は，結合水という形で食品に含まれる成分に固く結合しており，自由水と呼ばれる結合していない水は微生物等が利用可能である．そのため，水分活性は食品中の微生物の繁殖や食品中成分の酵素的，および非酵素的化学変化の指標とされ食品内の自由水の割合を示す．食品の劣化は，物理的劣化，科学的劣化，生化学的劣化，生物的劣化に大別できる．

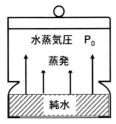
純水の表面から水が蒸発して容器内の水蒸気圧が $P_0$ となる。

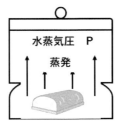
食品中の水（自由水）が食品中の表面から蒸発して水蒸気圧が $P$ となる。

$$水分活性（a_w）= \frac{食品中の水の蒸気圧（P）}{純水の蒸気圧（P_0）}$$

図10.10　水分活性の定義

図10.11に，食品の劣化と水分活性の関係を示す．図中に太い実線で水分収着等温線，また酵素的褐変，酵素活性，かび，酵母，細菌の増殖速度等を細線で示す．食品中の脂質の自動酸化速度についても併せて示している．脂質の酸化は複雑な要因が引き金となって進行するため，他の反応とは異なり複雑な水分活性に依存する．微生物の増殖は，水分活性が0.65以下では増殖ができない．カビが生育できる水分活性は，水分活性0.8以上である．食品の硬さも水分活性（含水率）に大きく依存している．

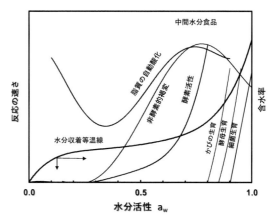

図10.11　水分活性と食品の変質，微生物の増殖（Labuza
　　　　　*et al.* 1972を参考に作成）

文　　　献

池田正範ほか編（1986）図説・日本の食品工業，p.323，光琳.
小川　正，的場輝佳編（2011）新しい食品加工学，南江堂.
日本食品工学会編　（2020）食品製造に役立つ食品工学事典，恒星社厚生閣.
矢野俊正（1999）食品工学・生物化学工学—科学的・工学的ものの見方と考え方，丸善.
Labuza, T. P. *et al.*（1972）Stability of intermediate moisture foods. 1. Lipid oxidation. *J. Food Sci.*, 154-159.

 食文化と食品機能性

喜多大三

〔キーワード〕　食文化，食品機能性，和食，緑茶，喫茶，カテキン，テアニン

　日本各地には地域に根ざした食材があり，その風土に適応した作物や海産物の生産技術，調理技術，保存法などを活用し，地域の特産品や郷土食が育まれ，食文化の礎となり継承されてきた．しかし，近年になり，少子高齢化や家庭での食事の変容が急激に進み，日本各地で受け継がれてきたこれらの伝統的な技などが継承されにくくなってきている．この11章では，我々の先人たちが継承してきた「食文化」を，由来や出所をも含めて改めて見直すことで，日本の食文化がもつ独自性と多様性を理解し，今後の日本の食文化と農学のあるべき姿について考える．また，日本の食文化における各時代の変遷の中で，特徴的なものとして，喫茶・茶道に関わりが深い緑茶について，その歴史や食品機能性を述べる．

## 11.1　食文化と農学との関わり

　日本人が昔から各地域で利用してきた伝統的な技術に発酵，天日干し，乾燥（乾物）などがある．これらの技術は最新の科学でも，腸内環境の改善やビタミンB群の増加などに資することが明らかにされている．古代から近代まで冷蔵設備の乏しい暮らしの中で，長期保存する知恵を経験的に体得し，さらにおいしくする技を連綿と継承し，その伝統的な技と味を郷土食などに利用して地域社会の食文化を育んできた歴史がある．

　各地の文化はその地方独自のものである．農耕もその土地の風土（気候・土壌・地形・景観・歴史など）に影響され地域的で多様性に富む．「文化（culture）」の語源は「農耕（culture）」であり，人は農耕によりその土着の農作物を生産し，それを食することで命を育み，その土地の風土により，「食文化」は生み出され，継承される．まさに，食文化は農耕そのものであるともいえる．食を一般的に捉える際には，それぞれの暮らす地域の自然環境の下で生産・調達が可能な食材を前提として考えることとなるが，その背景には特色ある風土，技・味など共通したものがある．

　農学（agriculture）は，生命科学を中心的基盤にしつつ，幅広い分野の自然科学，さらには人文・社会科学をもその基礎とする総合科学である側面と，生物・環境資源の活用から，人類の生存に直接関連する問題の改善・解消を目指す問題解決型の科学（実際科学）の側面を併せ持つ（日本学術会議農学委員会，2015）．この幅広い学問分野の一つに，食文化を自然科学的，人文・社会科学的，食品栄養学的，地理的，歴史的などさまざまな視点から研究する事柄も含まれてくるのである．

## 11.2　食生活の歴史区分と食文化の成り立ち

　日本の食文化を考えることが可能な時代はいつごろからであろうか．根拠となる文献的資料があり，知ることが可能な時代は，古墳時代の後期にあたる6世紀後半と考えられる．それ以降の歴史的変遷を石毛の食文化の分類（石毛，2015）に沿って見てみよう．

　「日本的食文化の形成期」は，中国文明が作り上げた食文化を吸収して日本的に変化させ，現在まで続く日本の食文化の基礎を築いた時期である．中国（および朝鮮半島）の文物を輸入し，模倣することが主であった時期（10世紀頃まで）と，そうして吸収したものを咀嚼し，日本人の思考や習慣に合うものとして再形成していった時期（15世紀末頃まで）に大まかに分けられる．この時代，日本に限らず中国周辺のすべての民族・文明にとって規範とすべき先進文明は中国であったが，日本は四方を海に囲まれている地理特性上，統治などに伴う全面的な文化受容を強いられずにすんだ．多大な影響を受けつつも，自分たちが好む要素だけを選択的にとりいれられたことが，「日本らしさ」の形成の上で重要な土壌になったと考えられる．

　「変動の時代」は，16世紀から17世紀前半にかけて，室町幕府から江戸時代初期，と分類している．この時代は，中世的秩序が崩壊し，封建制の再編成がなされた日本社会の変動期にあたる．中国，西欧との貿易によって外国の文化要素が導入され，それらの導入によって食の文化が再編成された時代である．

　「伝統的な食文化の完成期」は，17世紀中ごろから19世紀中ごろまで，鎖国の時代である．国外から影響を受けにくくなるため，この時期に現代に連続する食文化が成熟した．

　「近代における変化」は，明治維新となり，欧米の文明を規範とした近代化が進行し，それとともに食の文化も大きく変化しはじめ，この変化は現代にまで継続している．しかし，近年，飽食の時代となって，生活と一体となった食文化は大きく崩れてきている．

## 11.3 日本の食文化である「和食」

　日本の食文化を歴史で区切ると，①狭義：江戸時代末までに成立した食文化（ただし，アイヌと琉球を除く）②広義：明治維新後，文明開化以降に新しく工夫され，日本人の生活に定着した料理，さらには素材，調理法，道具等々も含めた食文化（琉球やアイヌ・北海道を含む），また，ほぼ昭和30（1955）年ごろまでの日本人が常食化していた食べ物とする，この2通りが考えられる（熊倉，2007）．

　日本の食文化は，中国や，朝鮮半島，そして東南アジアなどの外国の文化を取り入れ，近代には西欧の食文化も受容して発展してきたが，「日本料理（和食）」は，石井泰次郎『日本料理大全』（明治31年）において一般化したものといわれている．文明開化の時代に西欧の食文化を受容した結果として「西洋料理（洋食）」が生まれたときに，それに対して「日本料理」や「和食」という言葉ができたのである．家庭食に重点を置いて日本の食文化の全体を見ようとすれば「和食」という言葉がふさわしいと思われる．「和食」とは料理のことだけではなくて，例えば，正月料理のおせち料理，お屠蘇，お雑煮などは，日本すべての国民が，新年を幸せに迎え，健康に過ごせる願いを込めて食する日本の食文化である．

　2013年12月4日に，「和食」がユネスコ無形文化遺産に登録された．その提案書の中に見る「和食」（和食文化）は，料理内容には言及しておらず，物ではなく，日本人が育んできた食文化を示している．これが登録されたことは，特徴ある社会的な慣習として，ユネスコ無形文化遺産の保護条約にある「人類の無形文化遺産の代表的一覧表」に記載されたことを意味している．ユネスコ登録された「和食」とは何か―その特徴と継承―（江原，2017）から，その特徴を示す（図11.2）．

　① 食材を最大限に利用する知恵と技：自然の恵みにより得られた作物や

図11.1　お屠蘇
　　　　（Wikipediaより）
1年の邪気を払い，長寿を願って，正月にいただくお祝い酒である．酒やみりんに桔梗，肉桂など5～10種類の生薬を浸け込ませた薬草酒．

図11.2　ユネスコに登録された和食の特徴

収穫物を最後まで使い尽くすために，各種の乾物や発酵食品を生み出し，調理法や調理道具などの工夫と技術が発達した．

② 自然への感謝と祈りを込めた行事・行事食⇒地域・家族の絆を強化：自然の中にある神に生かされていると感じた人々は，行事や行事食，祭り，花見などを通し，神へのご馳走を用意し，共に食べることで福を招き災いを払い，願いを込めた．また，家族や地域の絆も深めてきた．

③ 自然の美しさの表現：四季の変化により，食材を選択し，器や箸など食具だけでなく，食卓のしつらいにも季節の花を盛るなど，食生活の中の自然，季節感を大切にする．

④ バランスがよい食事により，健康的な生活に寄与：「飯・汁・菜・漬物」の組み合わせを基本とした食生活は，菜の数や食材の種類により，日常食にも特別な食事にも対応でき，特に1980年頃の組み合わせのバランスは健康的とされる．

⑤ 多様な食材の利用：四季のある日本の自然がもたらす作物，海の恵み，豊富で良質な水の恵みの中で，時代ごとに海外の文化を取り入れ，融合させながら独自の文化を築いてきた．

上記の①から⑤までの和食の特徴として，「自然の尊重」が基本であり，自然を尊重する中で，多様な食材を生み出し，図11.2で示すような特徴ある食文化を育んできた．

## 11.4 和食の基本形と栄養バランス

平安時代後期より鎌倉時代に描かれたといわれている『病草紙（やまいのそうし）』にある食事の図から推測すると，板のような平らな四角の膳（折敷）に高盛飯・汁・菜と思われるものが3種あり，箸が食べかけの飯に刺してある．飯は左側，汁は右側，本人の側に調味料と思われる小皿が見え隠れする．したがってすでに，この時代に飯・汁・おかずによる一汁三菜の和食の基本的な組合せが成立していたと考えられる（熊倉，2007）．

この和食の基本形が，現在まで継承されている事実から推察すると，料理法・材料・彩りなどをある程度の献立内容を基本とすることで，簡単かつ合理的にバランスが取れた献立を組めるのである．主食のご飯は，どんなおかずとも相性が良く，四季折々の食材を使ったさまざまな料理に合わせることができる．また，汁物が必ず添えられるのも，昔から豊かな水を食に活かしてきた日本人の感覚が生きているといえる．ご飯を主食として，魚介・肉類，野菜類にだし，発酵調味料を組み合わせた「和食」は，栄養学的にみてもバランスの取りやすい食事である．献立に，魚介や大豆製品を多く取り入れることで飽和脂肪酸の摂取量を抑えることや，だしのうま味成分による減

塩効果，豊富な野菜を通じたカリウムによる，ナトリウムの排泄などが期待される．

タンパク質・脂質・炭水化物は，人間にとって特に不可欠な「三大栄養素」である．PFCのPはProtein（タンパク質），FはFat（脂質），CはCarbohydrate（炭水化物）の頭文字で，PFCバランス（現在では「エネルギー産生栄養素バランス」と称す）とは食事の中での「タンパク質」，「脂質」，「炭水化物」のそれぞれの摂取カロリーの比率である．健康的な生活を維持するためにはタンパク質15%，脂質25%，炭水化物 60%が理想的である．図11.3に，日本でのPFCバランスの変化を年代別に示す．1960年代までの和食においては，少しのおかずでたくさんのご飯を食べる穀物偏重の食生活であった．戦後の高度経済成長期には，徐々に肉類や乳製品の割合が増え，1980年ごろには，日本人のPFCバランスが理想的な比率になり，結果として日本人の長寿を支えたことにより，日本型食生活として世界で話題になった．近年では日本人も脂質の摂り過ぎによる生活習慣病が問題化している．しかし，未だに，PFCバランスが1980年代のそれに戻るには至っていない．このような状況において，国民ひとり一人の自らの食生活のエネルギー産生栄養素バランスを知り，その日常の食事内容を理解する必要があると考えている．自ら食べた物がその人のすべてであるので，健康を維持するためには，自律的に日々の食事内容・栄養バランス，かつ運動量を改善していくことも必要である．

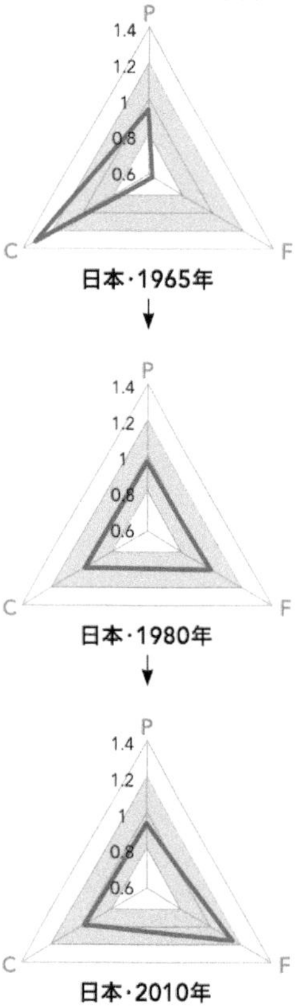

図11.3　日本でのPFCバランスの変化（農林水産省，2013）

## 11.5　食文化における緑茶の歴史

日本の食文化における各時代の変遷の中では，とりわけ喫茶（緑茶）に関する関わりが多い．喫茶の歴史的に有名な専門書として，中国唐時代の761年ごろに陸羽が編纂した『茶経』がある．これは当時の茶に関する専門知識・製法・飲み方・歴史・産地などをほとんど網羅したもので，3巻10章からなるお茶のバイブル的専門書である．その中で陸羽は，神農が書いたとされる『神農食経』という書物の中で「荼」という字を用いたことを述べて，神農を喫茶の起源として捉えた．また，『神農食経』の記述として「お茶を長く飲み続けると，人は力つき元気になる」と引用している．「茶経」の中で喫茶の起源に関して言及したことで陸羽は茶の祖とされるようになった．

この当時のお茶は，蒸した茶葉を煮詰めて餅状に固めた餅や団茶（高知県の碁石茶の原型）であり，いまの煎茶，抹茶等とは異なる．それらは非常に貴重で，上流階級などの限られた人々だけが飲用していた．その当時は奈良時代から平安時代初期であるが，日本の留学僧たちも，仏教を学びつつ，喫茶法も学んでいた．平安初期，弘仁6（815）年の『日本後記』に，日本

において，喫茶に関する最初の記述がある．「嵯峨天皇に大僧都永忠が近江（現在の滋賀県大津市）の梵釈寺において茶を煎じて奉った」と記述されている．この永忠も唐への留学僧の一人で，奈良時代末期に唐にわたり，喫茶法を学び，延暦24（805）年に帰朝したのち，桓武天皇の勅命で梵釈寺の住職となった．この嵯峨天皇は，畿内，近江，丹波，播磨などで緑茶を栽培させて，毎年献上させることを命じている．

　日本臨済宗の開祖である栄西禅師（1141-1215）は，日本最古の茶の専門書『喫茶養生記』の冒頭「茶は養生の仙薬なり，延齢の妙薬なり」と説き上下2巻を著して（1211年）緑茶の飲用を勧めた．栄西禅師は2度（1168年と1187年）にわたる宋での修行のかたわら，茶の効用を見聞し，また，自らの体験を通じて，緑茶（と桑葉）による養生の方法を説いている．上巻の末尾の処で“五臓（心・肝・脾・肺・腎）のうち心が苦味を好むので，苦味のある茶を良く飲み，外から治療を行うと気力は旺盛となる”と説く．源頼家から寺域を与えられ，京都の建仁寺を建立し，その後，高山寺の明恵上人に「チャ」の種を贈ったことが，京都の茶の栽培の始まりとされる．この種子が宇治茶の五ケ庄大和田の里に播かれ，現在の宇治茶の発祥とされている．栄西が用いた喫茶法は中国宋代の「抹茶法」で，鎌倉時代にはこの方法が主流になった．碾と呼ばれる薬研や石臼を使って茶を細かく砕き，沸騰した湯の中に入れてかき混ぜて飲む方法である．鎌倉末期には，寺院だけでなく貴族や武士層にまで喫茶の習慣が広まる．栄西の『喫茶養生記』は，わが国の喫茶文化普及に多大な影響を及ぼし，日本への本格的な茶の飲用普及と茶道が大成された室町〜安土桃山時代（1336〜1603）の礎となった．

　戦国時代には新しいお茶の礼式が作られ，堺の町衆の武野紹鴎とその弟子千利休がその集大成に関わった．栄西禅師が新しい茶をもたらしてから400年後，「侘茶」（簡単にいうと現代の「茶の湯」や「茶道」の様式の一つ）として大成，武士階級に流行し，現在の「茶道」として完成された．

　侘茶における茶懐石は千利休が精進料理をもとに作り上げたもので，懐石のルーツとなった．それまでの本膳料理は，見るためだけの装飾的なもの

図11.4　京都高山寺にある，日本最古の茶園の石碑（著者撮影）

図11.5　高山寺境内案内図（著者撮影）
　　　　中央付近に茶園がある．

図11.6　京都宇治にある，茶畑（著者撮影）

や，冷たくなって食べられない余分なものが沢山盛られていて，大変煩わしいものであった．懐石料理がこれらの本膳料理の欠点から学んで改善されたという点から推測すると，逆に懐石の特徴は「温かくて十分に調理された料理」であった．これが，現在まで継承されている和食にも結びつく懐石の第一の特徴である．さらに，懐石が日本料理史の中で画期的な位置を占めるもう一つの特徴はメッセージのある趣向を料理に加えたことである．具体的に述べると，それは季節感やお祝いの心遣いなどさまざまである．

　このような懐石の特徴を引き継いでいったのが，日本の料理文化である．そして，さらに洗練された，一汁三菜，飯＝米を主役にする和食の原点がここにあると考える．もちろん料理に旬の食材を使い，季節を感じさせる茶懐石という究極のもてなしがここにある．千利休の時代には，懐石の文字はなく，会席という文字が使われていた．禅に温石という言葉があり，修行中のひもじさに温めた石を懐にするという意味であるらしく，その程度の質素な料理という意味で懐石という文字が作られたと推測されている．

本膳料理<br>日本料理の正統な料理であり，数々の料理をのせた一人用の銘々膳がいくつも並べられる料理．

## 11.6 緑茶の機能性

### 11.6.1 緑茶の種類

　緑茶，紅茶，ほうじ茶，烏龍茶は，中国南部（雲南省・四川省地域）を原産とするツバキ科の永年性常緑樹 *Camellia sinensis*（チャ）からすべてが作られている．茶の種類には，生葉を発酵（茶葉内の酸化酵素反応）させて作る「紅茶」と不発酵の「緑茶」，さらには半発酵茶「烏龍茶」に分類される．「中国種」は，葉が小さく，長さが3〜5 cmほどで，葉は薄く，丸みを帯びている．日本をはじめ，中国や台湾などで生育しており，苦味成分「カテキン」の量が少なく，うま味成分となるアミノ酸が多いのが特徴である．「アッサム種」は，葉が大きく，10〜18 cm程度であり，葉は厚く，葉先が尖っていて，インドやスリランカ，アフリカ諸国などで栽培されている．アッサム種は「カテキン」が多く，アミノ酸が少ないのが特徴である．

### 11.6.2 緑茶の中医学的性質と体質・症状の相性

　古代中国で最古の本草書（薬書）に緑茶は「苦菜」として記載され，『神農本草経』に上薬（生命を養う薬，無毒で毎日摂取でき，元気益し，不老長寿になる）に属し，「苦菜は，一名茶草，一名選．味は苦く寒（寒は体を冷やす属性），川谷に生ず．五臓（肝・心・脾・肺・腎）の病気，食べ過ぎによる胃のもたれを治す．長く服用すると気分を安らかにし，元気を増し，頭の働きを聡く察しをよくし，眠りを少なくし，身体を軽くし，老化にも耐えられるようにする」との記載が森立之（江戸後期から明治初期の医師・書誌学

者）の復元本から引用とされる（岩間, 2015）.

### 11.6.3  緑茶の成分とその生体調節機能

　緑茶には，さまざまな生体調節機能をもつ成分が存在する（表11.1）．その代表的な成分の一つにカテキンがある．カテキン類には，発がん抑制作用，抗腫瘍作用，抗酸化作用など多くの作用がある．その他，カフェインには，覚せい作用，利尿，強心作用などがある．また，遊離アミノ酸であるL-テアニン（テアニン）には，リラックス作用，カフェインとの拮抗作用などがある.

### 11.6.4  緑茶におけるカテキン類，アミノ酸およびカフェインの含有量について

　上級茶においては，アミノ酸，特にテアニンとカフェイン含量が多い（表11.2）．一方カテキン類の緑茶のグレードによる大きな相違は認められない．覆下栽培される玉露や碾茶などの上級茶ではテアニンとカフェインが比較的

表11.1　緑茶の成分とその生体調整機能

| 緑茶の成分（緑茶乾燥茶葉 100g 中） | 生体調節機能 |
|---|---|
| カテキン類（15〜20g） | 発がん抑制作用, 抗腫瘍作用, 突然変異抑制作用, 抗酸化作用, 血中コレステロール低下作用, 血圧上昇抑制作用, 血小板凝集抑制作用, 血糖上昇抑制作用, 抗菌作用（食中毒予防）, 抗インフルエンザ作用, 虫歯予防作用, 口臭防止（脱臭作用） |
| カフェイン（2〜4g） | 覚せい作用（疲労感, 眠け除去）, 利尿作用, 強心作用 |
| ビタミンC（250〜600mg） | ストレス解消, 風邪予防 |
| βカロテン（16mg） | 発がん抑制作用, 免疫反応増強 |
| γ－アミノ酪酸（GABA）（150〜200mg） | 血圧降下作用 |
| フラボノイド類（600〜700mg） | 血管壁強化, 口臭予防 |
| 多糖類（0.1〜0.5g） | 血糖低下作用 |
| フッ素（3〜35mg） | 虫歯予防 |
| ビタミンE（25〜70mg） | 抗酸化作用, 老廃物抑制 |
| テアニン（0.6〜3.1g） | 精神安定, リラックス, カフェインの拮抗作用 |

平成28年度版茶系関係資料, 日本茶業中央会より一部改変

表11.2　緑茶におけるカテキン類，アミノ酸およびカフェイン含有量について（%）
（村松編, 1991）

| 成分 | 上級茶 | 中級茶 | 下級茶 | 味 |
|---|---|---|---|---|
| カテキン類 | 14.5 | 14.6 | 14.6 | |
| 　エピカテキン | 0.8 | 0.9 | 0.9 | 苦味 |
| 　エピガロカテキン | 3.4 | 3.8 | 3.7 | 苦味 |
| 　エピカテキンガレート | 2.1 | 2.2 | 2.2 | 渋味, 苦味 |
| 　エピガロカテキンガレート | 8.2 | 7.8 | 7.8 | 渋味, 苦味 |
| アミノ酸類 | 2.9 | 1.5 | 1.0 | |
| 　テアニン | 1.9 | 1.0 | 0.6 | 甘味, 旨味 |
| 　グルタミン酸 | 0.2 | 0.1 | 0.1 | 酸味, 旨味 |
| 　アスパラギン酸 | 0.2 | 0.1 | 0.1 | 酸味 |
| 　アルギニン | 0.3 | 0.2 | 0.2 | 苦味, 甘味 |
| 　その他 | 0.3 | 0.2 | 0.2 | 旨味, 甘味. 苦味 |
| カフェイン | 3.0 | 2.6 | 2.4 | 苦味 |

多く含有されている．

### 11.6.5　緑茶カテキンの種類と化学構造式の特徴

　カテキンはポリフェノールの一種で，昔からタンニンと呼ばれてきた緑茶の苦味・渋味の主成分である．この緑茶に含まれるカテキンは1929年に，理化学研究所の辻村みちよ博士らによってはじめて存在が確認された．茶葉中に4種類の主要なカテキン類が存在している．緑茶ではエピガロカテキンガレートの量が最も多く，全カテキン量の約半分を占める（図11.7，鈴木，2013）．カテキン類は，活性酸素種に代表されるラジカル種を消去する作用があり，他に，金属キレート作用，アルデヒド捕捉作用，酸化酵素阻害作用などでも抗酸化作用を発現する．一般的にエピガロカテキンガレートは，ラジカル消去作用に基づく抗酸化活性に高い活性を示す（図11.8，石井，2013）．

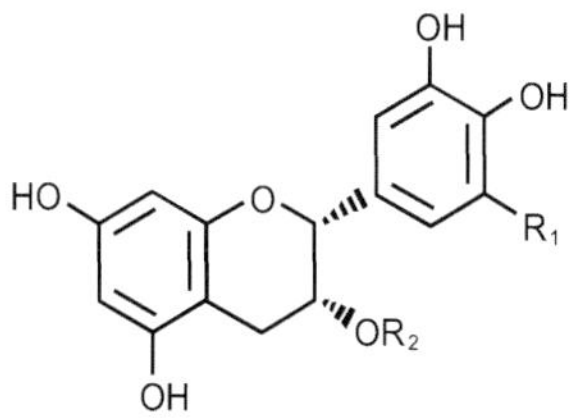

| 化合物名 | 略号 | $R_1$ | $R_2$ | 2, 3位の立体配置 |
|---|---|---|---|---|
| （−）-Epigallocatechin gallate | EGCg | OH | Galloyl | 2R, 3R |
| （−）-Epigallocatechin | EGC | OH | − | 2R, 3R |
| （−）-Epicatechin gallate | ECg | H | Galloyl | 2R, 3R |
| （−）-Epicatechin | EC | H | − | 2R, 3R |
| （＋）-Gallocatechin | （＋）-GC | OH | − | 2R, 3S |
| （＋）-Catechin | （＋）-C | H | − | 2R, 3S |

図11.7　カテキン類の化学構造（鈴木，2013）

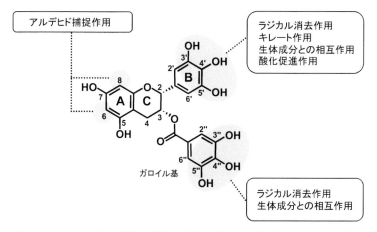

図11.8　カテキン類の抗酸化作用の発現に関与する構造因子（石井，2013）

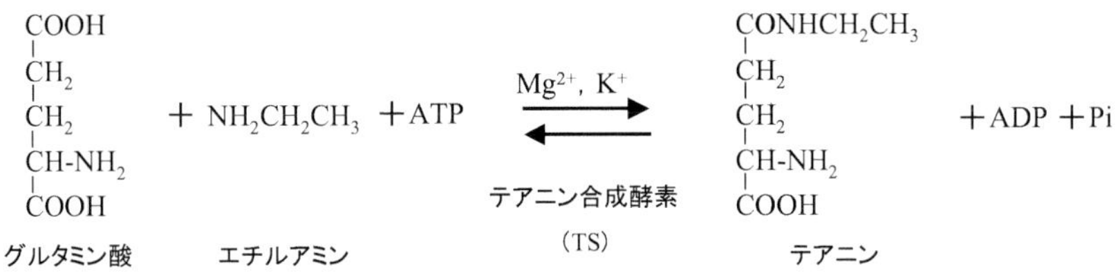

$$
\begin{array}{c}
\text{COOH} \\
|\\
\text{CH}_2 \\
|\\
\text{CH}_2 \\
|\\
\text{CH-NH}_2 \\
|\\
\text{COOH}
\end{array}
\;+\;\text{NH}_2\text{CH}_2\text{CH}_3\;+\text{ATP}
\quad
\xrightleftharpoons[\text{テアニン合成酵素}]{\text{Mg}^{2+},\;\text{K}^+}
\quad
\begin{array}{c}
\text{CONHCH}_2\text{CH}_3 \\
|\\
\text{CH}_2 \\
|\\
\text{CH}_2 \\
|\\
\text{CH-NH}_2 \\
|\\
\text{COOH}
\end{array}
\;+\text{ADP}\;+\text{Pi}
$$

グルタミン酸　　　　エチルアミン　　　　　　　　　　　　　　　　（TS）　　　　　　　テアニン

図11.9　テアニンの合成酵素によるテアニンの生合成（森田，2013）

### 11.6.6　テアニンの合成と分解

　テアニンは，茶葉の遊離アミノ酸の過半を占め，渋みやえぐみ味を抑える効果がある．新茶のテアニン含量は，一番茶が最も高い．テアニンは根でグルタミン酸とエチルアミンから生合成される．この反応はテアニン合成酵素（γ–L–グルタミン酸リガーゼ）により触媒される．葉に入ったテアニンは，生成反応の逆反応により速やかに分解され，グルタミン酸とエチルアミンとなる（図11.9，森田，2013）．テアニンの代謝は，光と温度によって大きく影響を受ける．したがって，玉露などの覆下栽培（図11.10）では分解は著しく抑制され，気温が高いほどテアニンの分解は促進される．

### 11.6.7　テアニンの脳神経機能に対する効果

　テアニンは，緑茶に含まれるアミノ酸では最も多く，その含有量は緑茶の価格との相関が高く，含有量の上下の幅が大きい．また，熟成度の浅い若葉では，玉露，抹茶に多く含まれる．テアニンの化学構造を図11.11に示す．テアニンは，グルタミン酸に似たうま味と認識されているが，その程度は低く，むしろ，甘味および品質に関係している成分であると認識されている．テアニンは，消化管内で安定性であり，血液脳関門を容易に通過する動態特性をもっている．テアニンの機能性については，多方面の研究がある．特に，テアニンの中枢作用は，以前よりカフェインの中枢興奮作用に対する抑制効果が知られている．近年，グルタミン酸と類似の化学構造から，脳内での生理的作用が注目されている．虚血動物モデルを用いた空間記憶障害の改善効果および遅発性神経細胞死に対する細胞保護効果やアポトーシスに対する減弱効果，神経化学的研究が報告されている（横越，2013）．また，テアニンにはリラクゼーション作用のあることが，以前より脳波計を用いた研究で報告されている（Juneja *et al*, 1999）．テアニン200 mgを水に溶かしたテアニン水を摂取後の脳波を測定した結果では，水を飲んだ対照グループに比較し，テアニン水を摂取40分後からα波の顕著な発現が観察された．α波（8〜13 Hz）を，周波数が10 Hz以下のα$_1$波，それ以上のα$_2$波を区別し，測定した．安静時でリラックスしているときはα$_1$波，思考中はα$_2$波が発生しやすいといわれている．テアニンには血圧上昇抑制作用のあることが示されていることから，自律神経に作用し交感神経の興奮を抑える働きが示

図11.10　覆下栽培　八女・星野
（株式会社 星野製茶園）玉露，碾茶園では四月中旬ぐらい，茶の芽が2〜3cm伸びたころ，わらを編んで作られた「スマキ」といわれる自然素材で25日前後，摘採が終わるまで被覆する．覆いをし，遮光することにより茶のテアニンなどのアミノ酸類の含量が多くなり，覆い香りといわれる独特の香りをもつお茶になる．

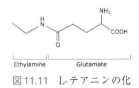

図11.11　L-テアニンの化学構造式

唆されている.

# 文　　献

石井剛志 (2013) 茶の抗酸化作用. 茶の機能と科学 (食物と健康の科学シリーズ) (森田
　明雄ほか編), pp.129-137, 朝倉書店.

石毛直道 (2015) 日本の食文化史—旧石器時代から現代まで, 岩波書店.

岩間真知子 (2015) 喫茶の歴史—茶薬同源をさぐる, 大修館書店.

江原絢子 (2017) ユネスコに登録された「和食」とは何か—その特徴と継承, 日本食生活
　学会誌, **28**, 3-5.

熊倉功夫 (2007) 日本料理の歴史, 吉川弘文館.

鈴木壯幸 (2013) 茶の化学成分とその含有量. 茶の機能と科学 (食物と健康の科学シリー
　ズ) (森田明雄ほか編), pp.98-108, 朝倉書店.

日本学術会議 農学委員会・食料科学委員会合同 農学分野の参照基準検討分科会 (2015)
　(報告) 大学教育の分野別質保証のための教育課程編成上の参照基準 農学分野.

農 林 水 産 省 (2013) 和 食, p.26. https://www.maff.go.jp/j/keikaku/syokubunka/
　culture/attach/pdf/index-44.pdf

村松敬一郎編 (1991) 茶の科学 (シリーズ〈食品の科学〉), 朝倉書店.

森田明雄 (2013) テアニンの生合成, 代謝. 茶の機能と科学 (食物と健康の科学シリー
　ズ) (森田明雄ほか編), pp.48-52, 朝倉書店.

横越英彦 (2013) 茶の脳神経機能に対する効果. 茶の機能と科学 (食物と健康の科学シ
　リーズ) (森田明雄ほか編), pp.170-180, 朝倉書店.

Juneja L. R. *et al.* (1999) *Trends in Food Science & Technology*, **10**: 199-204.

# 12 微生物利用と食品

和田　大

〔キーワード〕　発酵食品，日本酒，純粋培養，アミノ酸発酵

## 12.1 応用微生物学とは

　皆さんは応用微生物学と聞いてどんな学問分野を思い浮かべるだろうか？農学部にあって，微生物を応用する学問なのだから，作物が良く育つように土壌中の微生物の種類や量を制御する微生物肥料，あるいは殺虫活性をもつ微生物を利用して農作物の害虫を駆除する微生物農薬のようなものを想像するかもしれない．もちろん，そういった微生物の直接的な農業への利用も応用微生物学の一部であるが，現在では応用微生物学は「微生物のもつ有用な機能をヒトが利用するための学問」といった広い概念で考えるのが一般的になっている．応用微生物学の扱う範囲は非常に幅広い．微生物の代謝を直接的に利用して人の役に立つ物質を生産するものとして1）発酵食品の製造，2）アミノ酸，クエン酸などの食品添加物や飼料添加物の製造，3）抗生物質などの医薬品や生理活性物質の生産，4）低炭素社会実現に必要なバイオエタノール，バイオプラスチックなどの製造などがある．また，微生物の酵素を利用するものとして5）微生物変換（バイオコンバージョン）による医薬品や化成品の生産，6）食品加工用や洗剤用の酵素の生産，さらに物質生産ではないが，微生物の生物としての機能を活用するものとして7）活性汚泥法などの排水処理や環境改善への微生物の利用，8）微生物農薬や微生物肥料としての利用，9）整腸作用など健康に寄与するプロバイオティクスとしての利用などがある．それらのすべてを紹介することは困難なので，本項では1），2），5）の食品や物質の生産に焦点を当てて説明したい．

## 12.2 微生物学の歴史

　応用微生物学の扱う範囲は非常に幅広いが，その中でも，酒，味噌，醤油などの発酵食品の生産が応用微生物学の基礎となっている．ここで微生物学

の歴史を簡単に振り返りながら，応用微生物学の発展を見てみよう．

### 12.2.1　自然発生説の否定

応用微生物学の基礎となる発酵食品の生産は，農耕の開始とほぼ同時（約1万年前）と考えられる．農耕の発展により，食料の安定的な生産が可能になると余剰の作物を保存する方法として発酵食品が生産されるようになった．日本を含む東アジア地域では味噌や醤油，ヨーロッパではパンやチーズなど，現在でも食生活に欠かせないこれらの発酵食品は非常に古くから生産されてきた．

このような発酵の現象そのものは非常に古くから知られていたが，その実体が科学的に解明されたのは19世紀も後半になってからである．微生物そのものはオランダの繊維商人レーウェンフック（1632-1723）によって観察・記録されている．しかし，その働きについては何も調べられておらず，微生物は自然発生すると考えられていた．微生物の自然発生説に終止符を打ったのはフランスの化学者・微生物学者のパスツール（1822-1895）である．パスツールは白鳥の首フラスコを用いて微生物の自然発生を否定し，発酵現象が微生物の働きで起こることをはじめて明らかにした．パスツールはさらに酵母によるアルコール発酵を詳細に観察し，酸素分圧が低いほどグルコースの消費速度が速くなる「パスツール効果」を発見して，嫌気的発酵の基礎概念を確立した．アルコール発酵など，昔からある微生物利用技術を，遺伝子組換え技術を活用したニューバイオテクノロジーと対比して「オールドバイオテクノロジー」と呼ぶことがあるが，オールドといってもその歴史は150年程度と発酵が科学的に解明されたのは比較的最近のことである．

### 12.2.2　純粋培養技術の確立

古くからある醸造技術では，環境を整えることでもともと自然に生息している微生物のうち，目的となる風味を与えるものを優先的に増殖させて利用している．例えば，醤油や味噌の製造のように大量の食塩を添加すると，耐塩性のある特定の微生物しか増殖できない．微生物という概念すらない昔の人の経験則による微生物制御技術には感嘆すべきであるが，製品の均一性などに課題があったことも事実である．近代的な発酵技術には単一の微生物だけを単離して増殖させる純粋培養技術が不可欠である．

微生物を用いる実験では現代においても，培養している微生物が単独の種類になっているのか，つまり純粋培養になっているのかどうか，簡単にはわからないという問題に悩まされる．これは動物や植物と異なり，微生物が単細胞生物であり，個々の微生物細胞が小さく，肉眼で識別不能なために起こる．複数の微生物が混在する混合培養では，興味深い，あるいは役に立つ現象を見つけても，それを再現したり，詳しく解析したりすることは困難であ

**パスツールの白鳥の首フラスコ**
パスツールが1860年ころに考案した．当時は空気に特別な力があると考えられており，密封せず，かつ空気中の微生物がフラスコ内に入らない方法を考案するのが困難だった．

図12.1　白鳥の首フラスコ

**固形培地**
培地を固形化して，1個の微生物から増殖した集落（コロニー）を取得すればそのコロニーは1種の微生物のみからなる．

**固形培地の材料**
最初はジャガイモをそのまま用いることが考えられたが，ジャガイモには生えない微生物も多く，また水分が多いため，ジャガイモ上を微生物が移動してしまい，純粋培養が達成されないことが多かった．その後，ゼラチン，寒天と改良され，現在に至っている．

る.

　純粋培養の重要性を認識し，純粋培養法を確立したのはドイツの医師・細菌学者であるコッホ（1843-1910）である．コッホが考案した寒天培地を用いた純粋培養法は現代でも広く用いられており，微生物学の発展に欠かせないものとなった.

### 12.2.3　抗生物質の発見

　微生物が生産する他の微生物の生育を阻害する物質，いわゆる抗生物質を感染症の治療に利用することは現在，極めて一般的に行われているが，その歴史は100年にも満たない．最初の抗生物質の発見は1928年のフレミング（1881-1955）によるペニシリンの発見とされる．その後のチェーンらによるペニシリンの再発見（1940年），ワックスマンによるストレプトマイシンの発見（1942年）を経て，多くの抗生物質が発見され，治療法も飛躍的に向上した．特に戦前の日本の代表的な感染症である結核による死亡者数は1950年代にストレプトマイシンが普及すると激減し，その功績は計り知れない．また，日本においても梅澤濱夫（1914-1986）によるカナマイシンの発見（1956年）など，重要な抗生物質が発見されている.

　このように見てくると，「応用微生物学」の前提に「基礎微生物学」のような学問が存在するわけではなく，「応用微生物学」と「病原微生物学」が別の学問というわけでもない．近代微生物学の祖であるパスツールも，アルコール発酵の研究だけでなく，狂犬病ワクチンの開発など，病気の治療に関する研究にも多大な功績がある．また，コッホの純粋培養技術は病原菌の研究だけでなく，物質生産技術に関しても大きく貢献した．微生物学に関するすべての領域は共通の科学的理解に支えられている.

## 12.3　日本酒醸造における巧みな微生物制御技術

　日本酒は米を原料とした醸造酒である．その製造法は「並行複発酵」と呼ばれ，糖化と発酵を同時に行う複雑な技術である．古典的な発酵食品の製造としてはかなり複雑で巧妙なものなので，伝統的な発酵技術の中でも，ここでは特に日本酒の製造過程を詳しく見てみよう（図12.2）.

### 12.3.1　精米

**心白**
米の中心部にある白色不透明な部分のことを示す．でんぷん粒の集積が荒いため，水に溶けやすく，麹菌の菌糸が入りやすい．

　原料となる米は，酒造好適米と呼ばれる日本酒造りに適した品種を用いる．酒造好適米は大粒で心白があり，水に溶けやすい性質をもつ．米の外周部分には雑味の原因となるタンパク質や脂質が多く含まれているため，精米

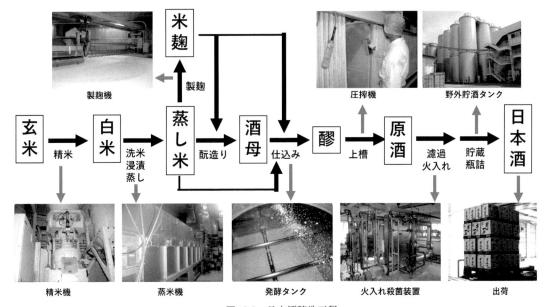

図 12.2　日本酒醸造工程
現代における標準的な日本酒醸造工程．機械化が進んでおり，安定した品質の日本酒を1年を通じて製造することができる．（写真提供 黄桜株式会社）

を行って外側を削り，これらの成分を排除する（図 12.3）．磨くことで，雑味が少なく香りのよい日本酒になる．米の精米歩合によって，本醸造酒（精米歩合 60% 以上），吟醸酒（50〜60%），大吟醸酒（50% 以下）と区別される．

### 12.3.2　製麹（米麹造り）

精米した米は水で洗い，吸水させて蒸す．蒸すことででんぷん組織が壊れて麹菌が繁殖しやすくなる．蒸し米に黄麹（*Aspergillus oryzae*）の胞子をふりかけて，麹の菌糸を米の内部に繁殖させる．麹がでんぷん分解酵素を生産して米のでんぷんを糖に分解することで，酵母は糖からアルコールを作ることができる．

### 12.3.3　酛（酒母）造り

仕込みに必要な酵母（*Saccharomyces cerevisiae*）を増やす作業である．小タンクに水，酵母，米麹，蒸し米を加えて発酵させる．現在では乳酸を添加して雑菌の繁殖を防ぐ「速醸酛」が主流であるが，伝統的な「生酛」づくりは天然の乳酸菌を増やすことで雑菌の繁殖を防ぐ．「生酛」は，7℃前後で約 25 日間と時間をかけて発酵させるが，「速醸酛」は 20℃前後で約 12 日間と短時間で完成する．

### 12.3.4　仕込み（醪造り）

酒母を仕込みタンクに移し，原料（水，米麹，蒸し米）を加えて発酵させ

図 12.3　精米（写真提供
黄桜株式会社）

精米歩合
玄米を磨いて残った白米の割合（%）を示す．精米歩合 70% の場合，玄米の表層部を 30% 削ったことになる．

黄麹（*A. oryzae*）
でんぷんを糖に分解する糖化を行うとともに，タンパク質をアミノ酸に分解して，うま味や香味成分を作る．味噌や醤油造りにも使われる．

る. 一度に全部の原料を加えると乳酸と酵母の濃度が薄まってしまい, 雑菌が繁殖する原因になるので, 原料は3回に分けて加える（三段仕込み）. 1回目（初添え）は酒母1に対して2倍, 2回目（仲添え）は4倍, 3回目（留添え）は7～8倍の原料を加えることで, 常に酵母が発酵しやすい環境を保つことができる. さらに, 低温で約2週間発酵させると, アルコール度数が20%程度まで達するとともに, 日本酒のフルーティーな香りも生まれてくる.

### 12.3.5　仕上げの工程（上槽, 濾過, 火入れ, 貯蔵, 瓶詰め）

発酵を終えると, 醪を酒粕と原酒に分ける（上槽）. 昔ながらの袋絞りの方法と図12.2のような圧搾機を使う方法がある. 絞られた原酒は, さらに濾過, 火入れ（殺菌）, 貯蔵, 瓶詰めされて商品になる. 濾過は通常活性炭が用いられる. 濾過によって, 黄色い原酒が澄んだ液になる.

貯蔵前と瓶詰めの前には, 60℃程度の低温加熱殺菌が行われる（火入れ）. 火入れは, 貯蔵の間に, 日本酒を腐敗させてしまう火落ち菌を殺菌すること, および品質の劣化を招く酵素の作用を抑えるためである. その後, 春に搾られた新酒は, 通常秋まで貯蔵して熟成させる. 貯蔵され熟成された酒は, アルコール度数と香味のバランスを整えるために, 仕込み水を加える. 調合が終わると瓶詰めされて, もう一度火入れが行われ出荷される.

## 12.4 アミノ酸発酵

純粋培養技術の確立とともに, 微生物学は物質生産を志向する「応用微生物学」と, 病態の解明や治療を目的とする「病原微生物学」に分離していった. その後, 両者ともに飛躍的な発展を遂げるが, その中でも日本発の技術として有名なアミノ酸生産菌の発見と, アミノ酸発酵技術に焦点を当ててみたい.

### 12.4.1　アミノ酸生産菌の発見

1908年に東京帝国大学教授であった池田菊苗がアミノ酸の一つであるグルタミン酸が「うま味」の本体であることを見出した. これは「昆布でだしを取った湯豆腐がなぜおいしいのか？」という素朴な疑問が元になった発見である. この発見を元に直ちに実用化研究が行われ, 1909年には小麦グルテンの加水分解によるグルタミン酸ナトリウムが味の素(株)によって製造され, 調味料「味の素」として市販されている. 小麦タンパク質中のグルタミン酸の含有率はそれほど高くないので, 小麦粉からグルタミン酸を抽出, 精製する方法の効率は高いとはいえない. 1955年に協和発酵工業(株)の鵜高重三らによって, グルタミン酸を直接生産できる細菌 *Corynebacterium*

図12.4　工業的アミノ酸発酵の発酵タンク（味の素(株)九州工場）
現在ではアミノ酸の生産はこのような屋外の巨大な発酵タンクで行われ「発酵工学」「生物工学」など. 工学の一分野として扱われることも多いが, そのルーツは農学にある.

*glutamicum* が見出された．こちらも直ちに実用化研究が行われ，1957年には同社で実用レベルの発酵生産が行われている．この発見は「微生物は自分自身の増殖に必要な最低限の量のアミノ酸しか作らない」という常識を覆し，これを契機としてさまざまなアミノ酸や核酸関連物質の発酵法による工業生産が発展していく．特に当時は戦後復興の途上にあり，動物性タンパク質の不足が著しく，肉類の増産が求められていた．トウモロコシなどの穀物飼料に不足しているアミノ酸であるリジンを微生物で生産させることができれば，家畜の生産効率を上げることができる．そこで，グルタミン酸生産菌発見の直後からリジンやスレオニンといった飼料添加用アミノ酸の生産への応用が検討され，早くも1958年には *C. glutamicum* の栄養要求性変異株を用いたリジンの生産が協和発酵工業(株)から報告されている．これらの迅速な応用展開は日本の「実学研究」の強みを表しているといえる．

### 12.4.2　微生物の育種・改良

　農業における，より収量の多い作物，よりおいしい作物の人為的な選択は古代から行われてきた．微生物に関しても同様で，発酵現象が微生物の働きによるものとわかる以前から，例えば，より柔らかく膨らむパン生地を取っておいて，次回のパン作りに使う，などの選抜は行われてきた．これは自然突然変異による変異株の出現とその選抜であるが，自然に起こる突然変異の頻度は低く，偶然に頼ることになる．そこで，近代的な発酵生産が確立された1950年代以降，人為的に突然変異の頻度を上げる突然変異誘発法が用いられるようになった．

　微生物の突然変異誘発には物理的な方法（温度，紫外線，放射線など）も用いられるが，化学的な方法（メタンスルホン酸エチル，*N*-ニトロソグアニジンなど）が最もよく用いられる．薬剤による変異処理の後，寒天平板培地（プレート）に塗布してコロニーを形成させ，多くの突然変異体の中から目的の性質を示す株を選抜する．しかし，突然変異はさまざまな遺伝子にランダムに起こるので，単にコロニーを一つずつ評価する方法では目的の能力をもつ変異株を見つけることは確率的に難しい．優良な性質をもつ変異株を選別できる培地を工夫するなど，効率の良い選抜方法を考案する必要がある．アミノ酸発酵菌の育種・改良は遺伝子組換え技術の登場する以前の1950年代からこの突然変異誘発法を駆使して行われ，リジンやスレオニンなどの飼料添加用のアミノ酸の商業レベルでの生産が早い段階で達成されている．

### 12.4.3　代謝制御発酵

　*C. glutamicum* によるグルタミン酸の発酵生産は画期的な発見ではあったが，生産に用いられた *C. glutamicum* は自然界から分離されたままの野生株

アミノ酸のアナログ

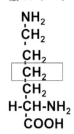

リジン

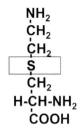

S-2-アミノエチル-システ
イン（S-AEC）
リジンのアナログとして
働く.

であり，何も手が加えられていない．このままでは，どのように培養条件を
工夫しても，グルタミン酸以外のアミノ酸を生産することはできない．アミ
ノ酸は微生物にとっても必須の化合物であり，細菌や植物は通常，すべての
種類のアミノ酸を合成することができる．一方で細胞内のアミノ酸濃度は
フィードバック調節などにより厳密に制御されており，特定のアミノ酸が過
剰に生産されることはない．遺伝子組換え技術がない1950年代に，微生物
の代謝や酵素に関する知見を総動員して，突然変異誘発法によるアミノ酸生
産菌の育種が行われた．例えば，リジン生産株はリジンのアナログである
S-2-アミノエチル-システイン（S-AEC）に対する耐性株を選抜することで
育種された．S-AECはリジンと化学構造が似ており，野生株では培地に
S-AECを添加するとS-AECがリジンの生合成ルートをフィードバック阻害
で遮断してしまう．かつ，S-AECは細胞内でリジンと同じには機能しない
ので，野生株はS-AEC添加培地では生育できない．しかし，突然変異でリ
ジンによるフィードバック阻害が解除された変異株はS-AECが存在しても，
どんどんリジンを合成するのでS-AECの存在を回避して生育できる．その
ためS-AEC耐性となった変異株は自身が合成したリジンによるフィード
バック阻害を受けず，リジンの高生産が可能となる．このように，微生物の
代謝制御を人為的に改変して目的の物質を高生産させる方法を代謝制御発酵
と呼び，アミノ酸や核酸の発酵生産で多くの成功例がある．

## 12.5　遺伝子組換え技術の登場

### 12.5.1　細菌を用いた遺伝学研究

　生物学における遺伝の研究はメンデル（1822-1884）のエンドウマメを用
いた研究が有名であるがが，1940年代以降はアカパンカビ（*Neurospora
crassa*）やサルモネラ菌（*Salmonella enterica*）などの微生物が研究材料と
して用いられるようになる．また，遺伝子の本体がDNAであることを明ら
かにした実験として有名なグリフィス（1879-1941）の実験も肺炎双球菌
（*Streptococcus pneumoniae*）を用いて行われている（図12.5）．肺炎双球菌
は菌体表面に莢膜をもち，強い病原性をもつS型と，莢膜を失って病原性
もないR型のものがある．病原性のあるS型をマウスに注射すると，マウス
は肺炎を起こして死ぬが，病原性のないR型の菌を注射してもマウスは死な
ない．S型の菌を熱処理して殺すと，これを注射してもマウスは生存する．
しかし，熱処理をして殺したS型菌と，生きたR型菌を混ぜてマウスに注射
すると，マウスは肺炎にかかって死ぬ．このことは熱処理されたS型菌の遺
伝物質がR型菌に伝達されて，R型菌がS型菌に変化したことを示す．この
実験は現在の高等学校の生物基礎の教科書にも記載されるほどの有名な実験

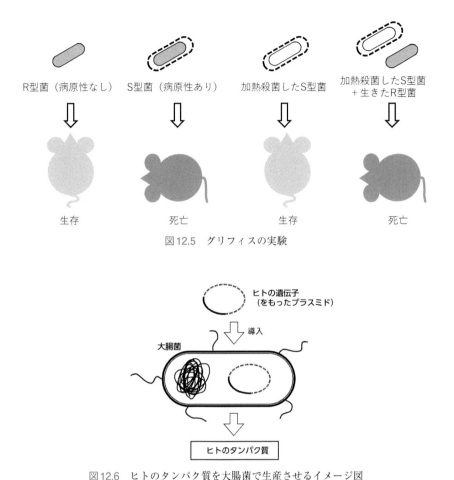

図12.5 グリフィスの実験

図12.6 ヒトのタンパク質を大腸菌で生産させるイメージ図

であるが，遺伝学の歴史の上からも画期的な業績であり，その後の分子遺伝学の発展の基礎となる発見であった．

### 12.5.2 遺伝子組換え技術とその利用

1953年にDNA二重らせん構造が発見されたが，その後，遺伝子の働きを具体的に明らかにする研究はその多くが微生物を用いて行われた．遺伝子操作の基盤となる分子生物学の知見も，主に大腸菌（*Escherichia coli*）を材料として蓄積されていった．

1970年代になると遺伝子組換え技術が完成した．この技術は，微生物の中で動物や植物由来の遺伝子を複製させ，さらにはその動物や植物のタンパク質を微生物で生産できる技術である．古典的な交配や突然変異誘発法では達成できなかった，種の壁を超えることができる画期的な技術である．これを利用して1982年に大腸菌にヒトのインスリンを生産できることが示された（図12.6）．この事例は遺伝子組換え技術を利用したニューバイオテクノロジーの誕生とされている．パスツールによる近代発酵の確立から約120年

後のことであった．他にも，当時ソビエト連邦からの輸入に頼っていたヒト成長ホルモンの生産が可能になり，成長ホルモン分泌不全性低身長症の治療が可能になるなど，タンパク質系の医薬品製造の分野でその恩恵はいち早く発揮された．

## 12.6 酵素法（微生物変換）

　微生物が増殖する過程を利用した物質生産は，発酵食品をルーツとする長い歴史をもつ．一方，一つ，あるいは数個の化学反応を微生物や微生物酵素に行わせて，原料を有用物質に変換する技術もあり，それは微生物変換（バイオコンバージョン）と呼ばれる．微生物変換の歴史は短いが，微生物の酵素や代謝の研究は生化学と密接に関連している．例えば，生命維持に必要な微量要素として発見されたビタミンのいくつかは，微生物の増殖に必要な微量因子と同一であることがわかっている．微生物の酵素の研究を通じて，微生物学と生化学はお互いに影響し合い，発展してきた．

### 12.6.1 微生物学と生化学の関連
　自然発生説論争と同じ時期に，微生物の増殖に伴う化学変化についても論争が行われた．ドイツの生理学者シュワン（1810-1882）などによって唱えられた「生物学的発酵説」は発酵や腐敗は微生物の働きによるものであるとした．また，同じくドイツの化学者リービッヒ（1803-1873）らは，発酵や腐敗は純粋な化学反応であるという「化学的発酵説」を主張した．その後，パスツールらの研究により「生物学的発酵説」が有力になっていたが，やはりドイツの化学者であるブフナー（1860-1917）により酵素という概念が提唱された．ブフナーは生きた細胞をまったく含まない酵母の抽出液で砂糖がアルコールに変換されることを発見した．この発見がきっかけとなり，発酵は酵素を触媒とする連続した化学反応であり，細胞内では酵素によって物質が次々に化学変換を受けるという認識が広がった．その結果，生物学における代謝の研究が大きく進展し，生化学分野発展の契機となった．ブフナーはアルコール発酵を引き起こす酵素を「チマーゼ」と名付けたが，今日ではこれは複数の酵素の混合物であり，動物の筋肉で見出された解糖系の酵素群と多くの部分で共通していることがわかっている．

### 12.6.2 酵素による物質生産
　酵素を物質生産に利用しようという試みも行われた．微生物変換では酵素の基質になれば，原料，生成物とも微生物の代謝物である必要はなく，化学合成された人工の基質がしばしば用いられる．

　微生物変換は原料を有用な化合物に変換する有機合成化学とともに発展してきたので，発酵食品をルーツにもつ発酵生産と比べると比較的新しい技術である．おそらく最初の産業化例と考えられるのが，酵母を用いた塩酸エフェドリンの合成であり，1920年代のことである．

　その後も，酢酸菌の酵素を利用したアスコルビン酸（ビタミンC）の合成や，カビの酵素を利用したコルチゾン（ステロイドホルモンの1種）の合成など，主に医薬品製造の分野で大きな貢献があった．

　微生物変換は化学合成法に比べるとどうしても生産性が低く，コスト高となるため，その適用化合物は価格の高い医薬品原料などに限られてきた．しかし，1988年に微生物変換法でアクリロニトリルを加水分解してアクリルアミドを生産するプロセスが日東化学工業(株)（現三菱ケミカル）により実用化された．アクリルアミドは合成樹脂や紙力増強剤などの原料となる石油化学製品であり，これを微生物変換法で生産できたことは画期的である．この方法は京都大学のグループと日東化学工業との産学連携で，微生物の優れた機能を追及し，産業に役立てようとする執念が成功した例である．

微生物変換の例

$$CH_2=\overset{H}{C}-C\equiv N$$

アクリロニトリル

$$CH_2=\overset{H}{C}-\overset{\quad}{\underset{O}{C}}-NH_2$$

アクリルアミド
アクリルアミドは微生物変換で作られた汎用化成品のはじめての例である．

## 12.7　今後の展望

　遺伝子組換え技術の登場は応用微生物学に画期的な発展をもたらした．遺伝子組換え技術で種の壁を超えることができるようになり，本来その微生物が生産しない化合物も異種遺伝子の導入により生産させることが可能となった．例えば，最近では人工代謝経路の導入で，本来生物が生産しない人工的に設計された医薬品などを微生物に生産させる試みも行われている．また，複数の遺伝子を導入することでモルヒネなどの植物アルカロイドを大腸菌などの微生物に生産させることも可能となっている．今後も複雑な化合物を生産する試みは続けられるであろう．

　また，酵素法においても，遺伝子組換え技術の恩恵は大きい．部位特異的変異導入により，狙った酵素の基質特異性を改変したり，立体選択性をコントロールしたりすることが可能になってきている．狙い通りの基質特異性や反応特異性をもった酵素を完全に人工的に設計することは現在でも難しいが，酵素の立体構造解析に関する技術は日進月歩であり，さまざまな試みが行われている．

## 12.8　おわりに—微生物利用の利点—

　微生物を物質生産に用いる利点は，他の生物学的な生産方法に比べて圧倒的に生産効率が高いことにある．例えば今日注目されている抗体医薬品などのタンパク質医薬品の製造に関しても，動物細胞でなく微生物を生産用の宿主細胞として用いることができれば，生産性は非常に高くなる．微生物の生育速度が速いこと，また，微生物は単位体積あたりの密度を高くできることが，有利な特徴である．

　また，微生物，特に原核生物は遺伝子も生合成経路も単純なため，分子生物学の発展により細胞自体の改変やデザインが可能になってきており，優位性が向上しているといえる．

謝　辞

　本稿の作成に当たり，貴重な写真を提供いただいた黄桜株式会社，味の素株式会社に御礼申し上げます．また，日本酒醸造に関してご教示いただいた摂南大学農学部沼本穂先生に感謝いたします．

**文　　献**

日本農芸化学会（2016）化学と生物，**54**（1）．https://katosei.jsbba.or.jp/back_issue. php?bn_vol=54&bn_no=1

横田　篤ほか編（2016）応用微生物学第3版，文英堂出版．

# 13 鳥獣害とジビエ

黒川 通典

〔キーワード〕 鳥獣害, ジビエ, 共生, シカ, イノシシ

## 13.1 野生鳥獣による農作物被害と歴史

### 13.1.1 鳥獣被害の歴史

わが国における山村や田畑, 森林での鳥獣害は古くからあり, その被害は甚大なものであった. 太古の時代から野生動物は, 家畜を襲い, 実った作物を食い荒らす, とんでもない存在であったのである.

近年では, さまざまな鳥獣害対策により, 被害は減少傾向にある. 鳥獣ごとに見ると, 最も広い範囲で多くの農作物や森林資源に被害を与えているのは野生のシカである. しかしながら, 被害金額となると, イノシシがシカと双璧をなしている (図13.1 ～ 13.3). 今後はシカとイノシシに絞って述べていくことにする.

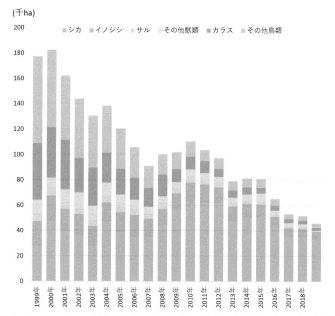

図13.1 鳥獣害による被害面積の年次比較 (農林水産省の資料を基に作成)

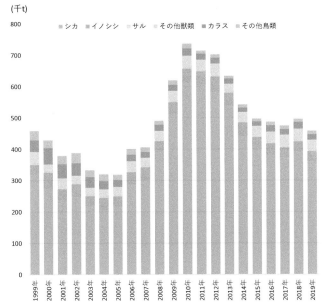

図13.2　鳥獣害による被害量の年次比較（農林水産省の資料を基に作成）

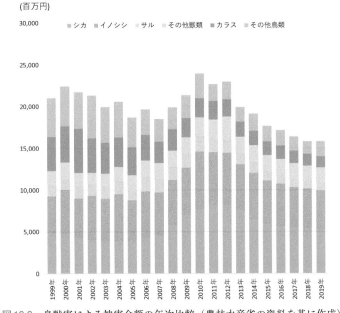

図13.3　鳥獣害による被害金額の年次比較（農林水産省の資料を基に作成）

### 13.1.2　鳥獣被害対策の歴史

　鳥獣害に対する対策は古くから行われている．全国各地で見ることができる「しし垣」といわれる防御柵は鎌倉時代の文献にも登場している．また獣害対策は，ただ防いでいるだけではなく，積極的な退治も行われてきた．中でも陶山訥庵が行った対馬におけるイノシシ狩りは，その規模の大きさで知

**しし垣**
イノシシやシカから田畑への進入を防ぐ目的で山と農地との間に築かれた垣．木や竹などを組んだもの，石を積み上げたもの，土を積み上げたものなどがある．高さは1〜2m程度だが，長さは10kmを超えるものもある．

られる．古来対馬にはイノシシが多く，訥庵が郡奉行の役に就いていた江戸
時代においても，農民は畑の周りに柵を設け，番人を置き，寝ずに大声や
鐘，太鼓を打ち鳴らしたりしていたが，それでも被害は防げずにいた．折し
も将軍綱吉の生類憐みの令が発せられており，島内においてもさまざまな意
見が行き交う中，1699年に訥庵は平田類衛門とともに綿密な計画である
「猪鹿逐詰覚書（いじかおいつめおぼえがき）」を実行し，約23万人の動員と，9年の歳月をかけて，8万
頭のイノシシを退治した．どのようにイノシシを退治したかについては「猪
鹿逐詰之次第（じかおいつめのしだい）」に記されており，これによれば，対馬島内は8郷の行政区分
に分けられていたが，その境界に大垣を築き，その中にそれぞれ内垣を築
き，垣内でイノシシを逐詰めていく方法である．大垣の高さは6尺（約
1.8 m），内垣の高さは5尺（約1.5 m）であり，「焼き払うことが可能な場所
は，風のない日を選び十分に見張りをつけて一里四方単位で焼き払い，焼く
ことができない場所は，木を払って猪鹿の隠れそうな場所をなくしていけ
ば，逐詰める事が容易になる」と記されている．あまりにも大事業であった
せいか，事業終了後も賞賛の声ばかりとはいかなかったが，つい最近まで対
馬ではイノシシの生息がなく，農作物の被害もなかったことは事実である．

### 13.1.3　鳥獣被害対策と狩猟

　意外にも農民は古くから鉄砲を使って獣害対策を行っていた．豊臣秀吉の
刀狩りにも関わらず，多くの農民は鉄砲を保有していたという．もっとも，
すべての農民・農家に鉄砲の所持が認められていたわけではなく，村の庄屋
が所持・管理するか，お抱えの猟師が所持するかのほどどちらかではあっ
た．

　今日では鳥獣害対策の柱となる法体系がしっかりと整備されており，国や
地方自治体が主導して対策が推し進められているが，ここに至る歴史はまさ
に鉄砲の取り扱いとリンクしている．

　狩猟・獣害対策が近代的な法制度として整備されたのは明治時代になって
からである．明治政府は1872（明治5）年に「鉄砲取締規則」を公布した．
これは銃所持を原則禁止し，銃所持許可をもっている者でも職業猟師以外は
銃猟をしてはならず，銃猟希望者は所轄官庁で狩猟許可を得なければならな
いとしたものである．翌年の1873（明治6）年には「鳥獣猟規則」が公布さ
れ，銃猟は免許鑑札制となった．1892（明治25）年には「狩猟規則」が公
布され，甲種（銃器不使用）と乙種（銃器使用）を設けた．1895（明治28）
年には「狩猟法」が制定され，保護鳥獣の販売，保護鳥の雛および卵の採
取，販売が禁止された．

　狩猟法は1918（大正7）年に大きく改正された．特徴の一つは，狩猟鳥獣
を指定し，狩猟鳥獣以外は保護鳥獣としたことである．また，狩猟鳥獣の捕
獲の禁止または制限を可能とし，狩猟鳥類の雛および卵の捕獲，採取が禁止

され，共同狩猟地制度は廃止されて猟区制度が創設された．

　このころから有害鳥獣駆除は狩猟者にボランティアとして委ねられることとなる．1963（昭和38）年に狩猟法の大幅改正が実施され，鳥獣の減少と高まる鳥獣保護・愛護の世論を背景に「保護」という概念が導入された．また，禁猟区制度が廃止され鳥獣保護区制度に統合されたほか，特別保護地区制度と休猟区制度が創設された．これに加え，鳥獣保護事業計画制度を設けて，都道府県鳥獣審議会が新設され，鳥獣保護員が置かれることになった．1999（平成11）年には鳥獣保護法が改正され，捕獲許可等権限の多くが都道府県知事の行う自治事務となった．都道府県知事は独自に保護管理計画を策定して個体群管理，生息地管理，鳥獣による被害の防除等の政策を実行できるとされた．その結果，多くの都道府県で獣害被害軽減と個体数削減を目的とした計画が作られた．

　鳥獣保護法は2002（平成14）年に改正されて，「鳥獣の保護及び狩猟の適正化に関する法律」となり，2014（平成26）年には「鳥獣の保護及び管理並びに狩猟の適正化に関する法律」いわゆる鳥獣保護管理法として改正された．鳥獣の保護及び管理並びに狩猟の適正化を図ることを目的としており，(1) 環境大臣が「鳥獣の保護を図るための事業を実施するための基本的な指針」を作成し，(2) 基本指針を受けて，各都道府県知事が鳥獣保護事業計画を作成することとされている．何より法律の名称に「管理」という文言が挿入されたことが特徴である．ここでの管理は「生物の多様性の確保，生活環境の保全又は農林水産業の健全な発展を図る観点から，その生息数を適正な水準に減少させ，又はその生息地を適正な範囲に縮小させることをいう．」と定義されている．一方で，保護は「生物の多様性の確保，生活環境の保全又は農林水産業の健全な発展を図る観点から，その生息数を適正な水準に増加させ，若しくはその生息地を適正な範囲に拡大させること又はその生息数の水準及びその生息地の範囲を維持することをいう．」と定義されており，「保護」と「管理」を対立的に位置付けている．

　2007（平成19）年には「鳥獣による農林水産業等に係る被害の防止のための特別措置に関する法律」が制定された．これは，(1) 農林水産大臣が被害防止対策の基本方針を策定し，(2) この基本指針に即して，市町村が被害防止計画を作成するとともに，(3) 被害防止計画を作成した市町村に対して，国等が財政上の措置等，各種の支援措置を講ずるものとされている．それまで鳥獣保護法を軸にした野生動物管理ないし獣害対策は環境省の所管であったのに対し，新たに農林水産省所管の政策が展開されることになった．加えて，それまで一定の保護の対象としていたシカの捕獲禁止措置を廃止することになった．

　野生動物の保護管理と被害防除が異なった省庁の政策となった．一応，法律の中で整合性を図ることも明記されているが，一部では運用上，両者の連

携が必ずしも十分にとられることなく，実態としては猟友会まかせになっているとの批判もある．

　かつて，対馬では「生類憐みの令」の中でイノシシを全滅させたが，現在では法整備がなされているとはいえ，何かと協議すべきところが多く，勝手に捕獲しまくることは，ほぼできないと考えるべきだろう．

### 13.1.4　政策としての鳥獣害被害対策

　農村振興局農村政策部鳥獣対策・農村環境課鳥獣対策室が鳥獣害対策のためのさまざまな政策を打ち出している．まず2011年度に418万頭いたシカやイノシシを2023年度には202万頭に半減させることを目標に，捕獲事業の強化，捕獲従事者の育成・確保のための事業を展開している．具体的には夜間狩猟の実施，ICT等を用いた捕獲技術の高度化，出口対策としての処理加工施設の整備推進，鳥獣被害対策実施隊の設置促進，射撃場の整備の推進といった内容である．鳥獣被害対策実施隊とは，市町村長が指名あるいは任命する隊員から構成され，隊員は公務として被害対策に従事し，捕獲活動や柵の設置，緩衝帯の設置，追い払いなどを行う．隊員は鳥獣害対策のために狩猟を行うことから，一般的な狩猟者が課せられる狩猟税や技能講習などが免除され，ライフル銃の所持許可の対象にもなっている．

　また，ジビエの需要拡大を図ることとし，2025年度に4,000 tの利用量とすることを目標としている．多くの野生鳥獣肉の処理加工施設は，狩猟者が自宅の一部を改造して使っているものが多く，食品衛生管理が十分ではない施設も多かったが，厚生労働省が「野生鳥獣肉の衛生管理に関する指針（ガイドライン）」を2014年11月に策定しており，処理加工施設はこれに準拠することとしている．さらに，食品衛生法が改正（2020年6月1日施行）され，野生鳥獣肉を処理する施設においてもHACCPによる衛生管理が義務付けられた．農林水産省は2018（平成30）年5月に「国産ジビエ認証制度」を制定したが，これはガイドラインを遵守し，トレーサビリティの確保等に適切に取り組む処理加工施設を認証し，この施設で生産されたジビエ製品等に認証マークを表示する制度である．一般消費者にとっても，イノシシやシカの肉に対する不安感が少しは緩和されたといえる．

### 13.1.5　害獣なのか保護動物なのか

　2018（平成30）年の10月，福岡県北九州市の砂防ダムに2頭のイノシシが落ち，脱出できなくなった．ダムの深さは4〜6 m，防災用に土の流出を防ぐもので，水はたまっていない．当事者となった北九州市は鳥獣保護法に基づき静観する姿勢だったが，報道で知った人から「かわいそう」と同情の電話が全国から殺到した．中には「なぜ対応しない．怠慢だ」「行政の責任だ．助けろ」と叱責するものもあった．同市はやむなく救出に動きだし，ダ

図13.4　イノシシの解体
（黒川撮影）

**HACCP**
食品等事業者自らが食中毒菌汚染や異物混入等の危害要因を把握した上で，原材料の入荷から製品の出荷に至る全工程の中で，それらの危害要因を除去または低減させるために特に重要な工程を管理し，製品の安全性を確保しようとする衛生管理の手法．

**トレーサビリティ**
各事業者が食品を取り扱った際の記録を作成し保存しておくことで，食中毒など健康に影響を与える事故等が発生した際に，問題のある食品がどこから来たのかを調べ（遡及），どこに行ったかを調べ（追跡）ることができる方法．

ムを管理する福岡県が箱わなを使って捕獲し，山に放した．だが，毎年農作物に被害を受けている地元の農家や住民に困惑や不安が広がった．

## 13.2　ジビエは鳥獣害対策の救世主か

### 13.2.1　ジビエ振興の未来

野生鳥獣のジビエの利用量は，2019年度で2,008 t，シカは81,869頭，イノシシは34,481頭である．2016年度に比べて1.6倍に増加しているものの，農林水産省の目標は2025年度で4,000 tなので，まだ目標にほど遠い状況である．

同省はジビエ振興により積極的な捕獲の推進を図り，さまざまな分野でジビエを利用することにより農山村地域の所得向上が期待できると説明しており，ジビエ利用拡大に向けた取り組みも積極的に推進している．具体的には供給現場，処理加工において全国のモデルとなる取り組みを実践し，捕獲強化とジビエ向け捕獲個体の集荷率を向上し，ジビエビジネスを担う人材の育成を図り，流通においてはジビエ在庫情報の見える化を推進し，共通ルールの普及，ジビエコーディネーターの設置，さらに需要の開拓のためにジビエ情報の発信や広報PRを進めるとしている．これらジビエ活用を含めた鳥獣被害防止総合対策交付金の令和3年度予算は110億円である．この交付金はジビエ処理加工施設の整備や人材育成，捕獲情報や在庫情報のためのICTシステムの導入などに使われる予定である．すでに実施されている事業としては「国産ジビエ認証制度」，「全国ジビエプロモーション」，「プロ向けジビエ料理セミナー」，「ジビエ料理コンテスト」などがある．

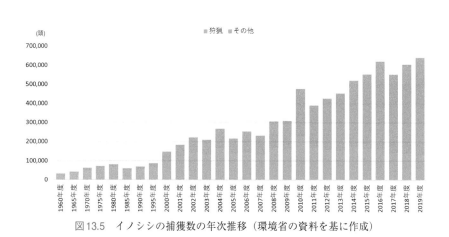

図13.5　イノシシの捕獲数の年次推移（環境省の資料を基に作成）

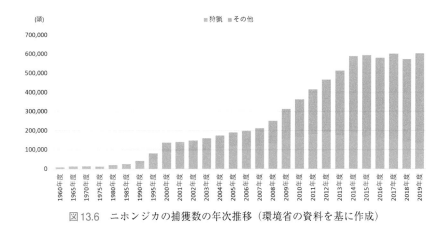

図13.6　ニホンジカの捕獲数の年次推移（環境省の資料を基に作成）

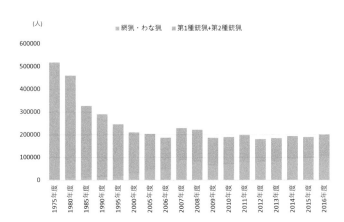

図13.7　狩猟免許所持者数の年次推移（環境省の資料を基に作成）

## 13.2.2　ジビエと狩猟者

　シカやイノシシを捕獲し，耳と尻尾を役場に持っていけば，報奨金が手に入る．地域によってはシカ1頭で2万円ほど出るところもある．また，捕獲した個体を処理加工施設に持ち込めば買い取りも行ってくれる．ジビエ振興の政策もあって，全国に処理加工施設が増えてきており，2018年12月で42か所だった処理加工施設は2020年9月には667か所に増えた．

　趣味のハンティングは別にして，ジビエ振興を考えると，獲物はできるだけ効率的に捕獲したほうがよく，また処理施設に持ち込むためには状態のよいものである必要がある．猟銃を使った場合は一発で頭をぶち抜いたものでなければ，血が回って肉が臭くなり，死の直前に暴れようものなら体温が急上昇して蒸れ肉という状態になり品質が落ちる．体内に金属が残っていてもだめである．そのため狩猟者は箱わなやくくりわなを使う．わなのほうが圧倒的に効率的である．わなで捕えたシカやイノシシを止め刺しすることで，おいしいジビエ肉になる．なお，止め刺しも狩猟免許が必要である．近年はわなの免許所得者が増加傾向にある．

図13.8　箱わな(黒川撮影)

箱わなやくくりわな
箱わなは，箱の中にある餌を獣がくわえて引くことで出入り口が閉まり，捕獲するわなのこと．くくりわなとは獣の通り道などに設置しておいた針金やワイヤーロープなどで作った輪によって足などをくくり捕らえるわなのこと．

　2019年度の野生動物の捕獲数は124万3000頭だったが，イノシシとシカを合わせたジビエとしての利用数は約11万6000頭で，利用率は9％台である．食肉として使われるのは捕獲量の約1割であり，この数字はここ数年変わっていない．残りの9割のシカの死骸にハエがたかっている姿を想像すると気分が悪くなる．しかもシカの場合は歩留まりが悪く，体重の2割以下の肉しか売り物にならない．さらに約3割はペットフードになるため，ヒトの口に入るシカ肉の量はまだまだ少量といえる．

　どうやらジビエとして食肉を流通させるためには，捕獲数を増やすよりも利用率を上げるほうが効率は高い．そのようなことから，ジビエ振興と害獣駆除数は比例していないと，疑問を呈する者もいる．

## 13.3　共生を目指して

### 13.3.1　農業従事者と狩猟者

　かつて，農業従事者からみればハンターは害獣を捕獲する頼もしい存在であった．しかし，最近の狩猟方法は箱わなやくくりわなが主体である．つまり，畑を荒らしに来るシカやイノシシを捕まえるのではなく，山奥でひっそりと暮らしている個体を捕獲することが，現在の狩猟である．農業従事者からみれば，狩猟は金もうけのための作業であり，里山や農地を守るというエッセンスは感じられない．いつしか農業従事者と狩猟者はその関係性が薄らいでいく．

### 13.3.2　獣害から獣財へ

　シカやイノシシに対する感情や捉え方というのは人それぞれである．狩猟者にとっては生計を成り立たせるための獲物であり，農業従事者にとっては，害を及ぼす不要物である．ただ農作物に被害を及ぼすのは，個体数が多くなりすぎたからであって，存在を否定するものではない．保護という観点からも，絶滅を求めるものではない．というか絶滅させることはほぼ不可能である．個体数を管理できれば問題はなくなる．「個体数管理」という言葉に抵抗を示す向きもあるが，「保護」と「管理」をうまく機能させることで，理想とする人間との共生社会が構築できる．そこで筆者らが打ち出したキャッチコピーが「獣害から獣財へ」である．つまり，「シカやイノシシは農作物を荒らすだけのにっくき害獣ではなくて，地域特有の財産なんだ」，というパラダイムシフトである．単純に示せば，個体数管理を行って，捕獲した個体の肉や皮を地域の人たちが特産品として利活用しようとするものである．大切なことは，シカやイノシシにフォーカスを当てるのではなく，地域住民のシカやイノシシに対する見方，捉え方を重要視するということである．そう

しなければ，シカ，イノシシの捕獲から利活用までのエコシステムは機能しない．

### 13.3.3　対馬市の取り組み

　対馬市においても，農業従事者と狩猟者の関係性は薄らぎ，狩猟者は田畑を守ってくれるガードマンではなくなった．山奥で獲物を捕まえてお金にしている姿を見ながら，農家は自ら田畑に柵をめぐらし，自衛に努めるしかなくなってきたのである．

図13.9　イノシシ除けの柵（黒川撮影）

　筆者らが対馬市にはじめて入ったのは2013年であった．くしくも，シカやイノシシの処理施設の建設を予定していたところであり，我々も捕獲した個体の利活用のシステム構築に深く関わることができた．対馬市有害鳥獣対策室の方々は極めて熱心で，特に当時獣害を担当していた谷川さん（現一般社団法人daidai代表理事）は大学出たてのうら若き女子であるにも関わらず，狩猟免許を取り，ノミやダニにまみれて猟友会の人たちと狩猟を行い，狩猟者との関係を築いた．そのほかにも獣害対策に関わった方々は食肉処理施設の運営と商品開発（燻製ソーセージ，レバーパテ，アイスバインなど），レザークラフトによる普及啓発活動などを行っている．捕獲隊を結成し，地元の中学校で対馬の有害鳥獣に関する授業を担当し，イノシシ肉を使ったソーセージ作りや調理実習も行っている．獣財を使った給食も提供している．特に子どもたちへの働きかけは大きい．この地域ではしっかりとした「食育」が根付いている．着実に，地域の人たちのシカ，イノシシに対する考え方は変わってきている．共生というのは，頭で考えるほど簡単なものではないことはわかっているが，不可能でもないこともわかってきた．

図13.10　イノシシ肉のソーセージ（黒川撮影）

図13.11　（左）鳥獣被害対策の授業，（右）イノシシ肉を使った調理実習．
（一般社団法人daidaiホームページ　http://www.daidai.or.jp/）

図13.12　今日の給食はシカ肉のキーマカレー
（厳原小学校ブログ2017年9月7日の記事より　http://izuharashou.blog.fc2.com/blog-entry-277.html）

**コラム**   **防災用非常食としてのアレルギー対応シカ肉缶詰**

　我々が「鹿肉のイメージ」についてWEBを使って1,060人に調査したところ，消費者がシカ肉に対して抱いているイメージは「かたくて臭くておいしくない」であった．牛肉や豚肉の代替肉にはならず，たまに珍しさから高級レストランで食べてもいい程度のものである．消費を増やすためには生肉ではだめで，流通販売を考えると付加価値をもった加工食品が望ましいことがわかる．そこで，鹿肉の特徴を生かして開発したのが，アレルギー対応で非常食や保存食にもなるシカ肉缶詰である．ただ消費者はシカ肉を求めてはいない．あくまで「シカ肉を使った缶詰を作った」のではなくて「現代に必要なアレルギー対応防災用保存食を作ったら，たまたまシカ肉が材料として適していた」のである．

# 文　献

今里　滋（2020）わが国における狩猟・獣害対策の歴史と課題．同志社政策科学研究，**21**（2），15-29．

江口祐輔（2018）実践事例でわかる獣害対策の新提案—地域の力で農作物を守る，家の光協会．

田中淳夫（2020）獣害列島—増えすぎた日本の野生動物たち，イースト新書．

長崎県立対馬歴史民俗資料館（2007）．対馬歴史民俗資料館報，**30**．

和田一雄（2013）ジビエを食べれば「害獣」は減るのか，八坂書房．

# フードシステムと食品産業の役割

小野 雅之

〔キーワード〕　フードシステム，食品産業，食の外部化・簡便化，内食・中食・外食，食品製造業，食品卸売業，食品小売業，外食産業

## 14.1 私たちの食生活と食品産業

### 14.1.1 食料消費の変化と食生活

　今日の私たちの食生活は，多種多様な食べ物や食事の場の中から，嗜好や支払能力に応じて選択できる便利で豊かなものとなっている．身近にあるスーパーマーケット（以下ではスーパー）やコンビニエンスストア（以下ではコンビニ）では，米や野菜，果物，精肉，鮮魚などの生鮮食品や多くの種類の加工食品，弁当やおにぎり，惣菜などの調理食品が販売されているし，飲食店も数多くある．居住する地域によっては，24時間食べ物を購入したり，飲食店を利用することもできる．ただ，このような便利で豊かな食生活が実現したのは，遠い昔のことではなく，おおむね1980年ころからのことである．

　では，消費者の食料消費はどのように変化したのだろうか．図14.1に飲食料の国内最終消費額の変化を生鮮品（米，食肉，冷凍魚など加工度の低いものを含む），加工品（調理食品を含む），外食に分けて示した．飲食料の最終消費額は，1980年の49.2兆円から2015年の83.8兆円へと34.6兆円増加しているが，それは加工品と外食の消費額増加によるものであり，生鮮品は横ばいである．最終消費額に占める割合も，生鮮品が29％から17％へと低下している反面で，加工品は44％から51％，外食は28％から33％へと高まっている．このように，今日では私たちの食生活に占める加工品や外食のウェ

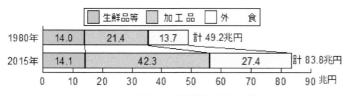

図14.1　飲食料の国内最終消費額の推移

資料：農林水産省「農林漁業及び関連産業を中心にした産業連関表」2020年2月により作成.
注：この図では調理食品は加工品に含まれる.

イトが高まっている.

　このように,今日の私たちの食生活においては,食用農林水産物を生産する農林水産業に加えて,食用農林水産物を原料に加工食品を製造する食品製造業や,飲食の場を提供する外食産業の役割が大きくなっている.さらに,農林水産業と,食品製造業や外食産業,そして最終消費を結び付ける役割を食品流通業が果たしていることも忘れてはならない.これらの食品製造業,外食産業,食品流通業を総称して食品産業と呼ぶ.

### 14.1.2　多様な業種から構成される食品産業

　このように,食品製造業,外食産業,食品流通業を全体として食品産業と呼んでいるが,この食品産業には多様な業種が含まれる.ここでは「日本標準産業分類」(2013年改定,以下では産業分類)を用いて,食品産業にどのような業種が含まれるのか,簡単に説明しておこう.

　食品製造業は,農林水産物を原料に加工食品を製造・販売する産業であり,農林水産物の需要者,加工食品の生産者と販売者という三つの側面をもっている.産業分類の大分類「製造業」に含まれる「食料品製造業」と「飲料・たばこ・飼料製造業」の二つの中分類を総称して,ここでは食品製造業と呼ぶ.前者は9小分類41細分類(小分類数からは「管理,補助的経済活動を行う事業所」を除く.以下同じ)に,後者は6小分類13細分類に分けられている.

　外食産業は,客の注文に応じて調理した飲食料品を,その場所で飲食させたり,それと併せて持ち帰りや配達をしたり,客の求める場所で調理する産業である.基本的に,調理する場所と飲食する場所が一致していることが特徴である.産業分類の大分類「宿泊業,飲食サービス業」の中の「飲食店」と「持ち帰り・配達飲食サービス」の二つの中分類を総称し,前者は8小分類11細分類に,後者は2小分類(細分類なし)に分類されている.

　食品流通業は,農林水産業,食品製造業,外食産業と最終消費を結び付ける産業であり,産業分類では大分類「卸売業,小売業」に含まれる「飲食料品卸売業(以下では食品卸売業)」と「飲食料品小売業(以下では食品小売業)」の二つの中分類を総称する.食品卸売業は,主として小売業者や他の卸売業者,食品製造業者や外食業者など産業用需要者に商品を販売する流通業者であり,食品小売業は,主として最終消費者に商品を販売する流通業者である.

　食品卸売業は,小分類では「農畜産物・水産物卸売業(7細分類)」と「食料・飲料卸売業(8細分類)」の二つに区分されている.また,食品小売業(中分類)には7小分類20細分類の業種が含まれている.さらに,中分類「各種商品小売業」の中にも,飲食料品を販売する百貨店や総合スーパーが含まれる.

以上のような「日本標準産業分類」による分類以外にも，食品産業は多様な分類が可能である．食品製造業は，製品の加工度や用途により「一次加工業」，「二次加工業」，「最終加工業」と分類されることがある．また，卸売業の「一次卸」，「二次卸」という区分や，外食産業や小売業と業態分類などもよく用いられる．

業態
商品・サービスの価格や販売・提供方法などによって産業を分類したもの．例えば，百貨店と総合スーパーは，業種分類では一括して分類されているが，業態としては区分される．なお，業態としての百貨店と総合スーパーの違いは，セルフサービス方式が売場面積の50％未満か（百貨店），50％以上か（総合スーパー）である．

## 14.2　フードシステムの全体像

### 14.2.1　フードシステムのフロー

食用農林水産物が，その生産段階から食品製造業，食品流通業，外食産業を経て，消費者によって最終消費されるまでに形成されている仕組み全体をフードシステムと捉える．すなわち，フードシステムとは，農林水産業，食品産業に消費者を含めた食料の生産から消費にいたる仕組みを構成する各主体と，それらの主体間の連鎖的な相互関係全体を指す．

フードシステムの全体像を図14.2に示した．ただし，実際の食用農林水産物や加工食品の流れは非常に複雑であり，この図では簡略化して示してある．

2015年に国内に供給された食用農林水産物（国産品，輸入品）は，11.3兆円（国産9.7兆円，輸入1.6兆円）である．その中で3.5兆円（31.3％）が生鮮品等として最終消費に仕向けられ，加工品の原料として食品製造業に6.7兆円（59.5％）が，外食産業の食材として1.0兆円（9.1％）が仕向けられた．

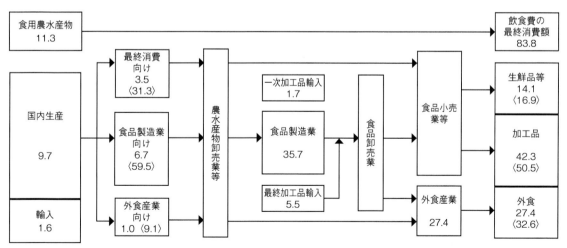

図14.2　フードシステムの全体像（2015年，兆円，％）

資料：図14.1に同じ．
注：1）旅館・ホテル・病院等での食事は「外食」に計上するのではなく，使用された食材費を最終消費額として，それぞれ「生鮮品等」及び「加工品」に計上．
　　2）加工食品のうち，精穀（精米・精麦等），食肉（各肉類）及び冷凍魚介類は加工度が低いため，最終消費においては「生鮮品等」に分類．
　　3）〈　〉内は割合．

その際に，農畜産物・水産物卸売業を経由するものが多いが，農林漁業者や輸入商社から食品製造業や外食産業，食品小売業，さらには消費者へ直接に販売される場合もある．

食品製造業は，食用農林水産物に加えて輸入一次加工食品を原料に用いて加工食品を製造し，その生産額は35.7兆円であった．その中には一次加工業から二次加工業などに供給される一次加工品など4.6兆円も含まれる．また，食品製造業が製造した加工食品の多くは，食品卸売業を経て食品小売業や外食産業に販売される．

外食産業は，農林水産物や加工食品を食材として用い，消費者に27.4兆円の飲食サービスを提供した．そして，食品流通業は，これらの産業間を含めて農林水産物や加工食品の生産と消費を結び付けている．

このように，食用農林水産物が生鮮品や加工品，外食として最終消費されるまでには，食品製造業や食品流通業，外食産業を経るが，この過程で食品製造業による加工経費や外食産業による飲食サービス経費，流通経費などが付加されることにより，最終消費額は83.8兆円に達している．

### 14.2.2　フードシステムの変化

わが国のフードシステムの変化を，まず飲食費の最終消費額の各部門への帰属額の変化によって確認しておこう．

表14.1によると，飲食費の最終消費額は1980年から1995年に大きく増加し，農林水産業を除く部門で帰属額が増加した．その後，2011年にかけて

表14.1　最終消費からみた飲食費の部門別の帰属額の推移　(兆円，%)

|  | 帰属額 | | | | 帰属割合 | | | |
|---|---|---|---|---|---|---|---|---|
|  | 1980年 | 1995年 | 2011年 | 2015年 | 1980年 | 1995年 | 2011年 | 2015年 |
| 最終消費額 | 49.2 | 82.5 | 76.2 | 83.8 | 100.0 | 100.0 | 100.0 | 100.0 |
| 農林水産業 | 13.5 | 12.8 | 10.5 | 11.3 | 27.5 | 15.5 | 13.7 | 13.4 |
| 　国内生産 | 12.3 | 11.7 | 9.2 | 9.7 | 25.0 | 14.1 | 12.0 | 11.5 |
| 　輸入食用農林水産物 | 1.2 | 1.1 | 1.3 | 1.6 | 2.5 | 1.4 | 1.7 | 1.9 |
| 食品製造業 | 13.6 | 25.0 | 24.0 | 27.0 | 27.6 | 30.3 | 31.4 | 32.2 |
| 　国内生産 | 11.6 | 20.4 | 18.1 | 19.8 | 23.6 | 24.7 | 23.7 | 23.6 |
| 　輸入加工食品 | 2.0 | 4.6 | 5.9 | 7.2 | 4.0 | 5.6 | 7.8 | 8.6 |
| 食品関連流通業 | 13.4 | 27.6 | 26.6 | 29.5 | 27.2 | 33.5 | 34.9 | 35.2 |
| 外食産業 | 8.7 | 17.1 | 15.1 | 16.1 | 17.8 | 20.7 | 19.9 | 19.2 |

資料：図14.1に同じ

注：①2011年以前については，最新の「平成27年産業連関表」の概念等に合わせて再計算した値である．

　　②帰属額とは最終消費額のうち，当該部門に帰属する割合であり，以下の方法による．

　　農林漁業及び食品製造業のうち輸入：食材として国内に供給された農林水産物および加工食品の額．

　　食品製造業のうち国産及び外食産業：飲食料として国内に供給された額から，使用した食材および流通経費を控除した額．

　　食品関連流通業：食用農林水産物及び加工食品が最終消費に至るまでの流通の各段階で発生する流通経費「商業マージン及び運賃等」の額．

は各部門ともに帰属額が減少しているが，輸入農林水産物や加工食品への帰属額は増加している．そして，最終消費額が再び増加した2015年までの間には，各部門への帰属額も再び増加している．帰属額の割合では，農林水産業への帰属割合が1980年27.5％（うち国産25.0％）から2015年13.4％（同11.5％）へと低下し，食品産業への帰属割合が72.5％から86.6％へと上昇した．

このように，わが国のフードシステムにおいては，長期的に見て国内農林水産業への帰属額の減少と食品産業への帰属額の増加という変化がみられる．さらに，輸入品，特に加工食品の輸入が増加し，帰属割合が高まったことも見逃すことができない．

また，後述するように食品製造業による新たな加工食品の開発や，外食産業と食品小売業による食事や買物の利便性を重視した新たな業態の開発など，フードシステム全体が消費者に利便性・即食性を提供する方向に進化してきたことや，フードシステムが複雑化してきたことも，このような帰属額と帰属割合の変化の背景にある．

**国内産業への帰属額のピーク**
農林水産業は1990年13.2兆円，食品製造業は2000年20.7兆円，食品関連流通業は2015年，外食産業は1995年である．

### 14.2.3　フードシステムのグローバル化と食料自給率

食用農林水産物の輸入に加えて一次加工品と最終加工品の輸入が増加したことは，わが国のフードシステムのグローバル化が進んでいることを意味する．食用農林水産物だけではなく，一次加工品や最終加工品が世界各地から輸入され，国内で消費されるようになっているのである．

輸入品の増加は，食料自給率の低下につながる．食料自給率を総合的に捉えるための指標として，供給熱量ベースおよび生産額ベースの総合自給率が算出されているが，供給熱量ベースの総合自給率は1965年度の73％から2019年度には38％へと低下し，生産額ベースの総合自給率は同じ期間に86％から66％へと低下している．このように，わが国のフードシステムがグローバル化してきたことが食料自給率の低下の一因となっている．

## 14.3　食料消費形態の変化と食品産業

### 14.3.1　食の外部化・簡便化

飲食費の最終消費額において加工品や外食への支出が増加し，食生活において加工食品や調理食品，外食のウェイトが高まっている．このような食料消費の変化を，食の外部化・簡便化の進展と捉えている．

一口に食事と言っても，それに関わる家事には，家族の嗜好や予算，健康などを考慮した献立の決定，食材の買物と自宅への持ち帰り，自宅での保管，調理，後かたづけなど，さまざまな行為があり，そのために必要な費用

や時間，労力，心理的負担も生じる．これらに要する費用を食事費用と呼ぶことにする．

食の外部化とは，これまで家庭で家族によって行われていた食事に関する家事の一部または大部分が，家庭外で家族以外の人によって行われることであり，食の簡便化とは家庭内での食事費用の大きな食品から小さな食品へと移行することである．すなわち，食の外部化・簡便化とは，このような時間や労力，心理的負担も伴う食事に関する家事を家庭外にアウトソーシングすることであり，アウトソーシング先が食品産業である．

**食事費用**
この費用の中には，実際に支出した金額に加えて，買物や調理に要する時間や労力，献立や買物先を考える心理的な負担も含まれる．

### 14.3.2　内食，中食，外食

食の外部化・簡便化と関連して，食事形態を内食（ないしょく），中食（なかしょく），外食（がいしょく）に区分することがよく行われている．表14.2に示したように，内食とは，家族が調理した食事を家庭内で食べることであり，外食とは，家族以外の専門の調理人によって家庭外で調理された食事を，家庭外（調理場所）で食べることである．中食とは内食と外食の中間的な形態で，家族以外の人が家庭外で調理した食事を調理場所以外で食べることである．

つまり，内食と中食・外食は，調理をする人が家族なのか，家族以外の人なのか，また調理をする場所が家庭内なのか，家庭外なのかによる区分であり，中食と外食は食事場所が調理場所と同じ（外食）なのか，異なるのか（中食）によって区分していることになる．ただ，私たちの食事形態は多様であり，内食，中食，外食を厳密に区分することは難しい．

食の外部化・簡便化が進んだということは，食事形態が内食から中食，外食にシフトしたことを意味する．

### 14.3.3　食の外部化・簡便化の消費者側の要因

では，食の外部化・簡便化の進展には，どのような要因が考えられるだろうか．それには消費者の側の要因と食品産業の側の要因が存在するが，ここでは消費者サイドの要因を取り上げる．さまざまな食品の中から消費者が実際に購入・消費する食品を選択する要因には，経済的要因（消費者の支払能

表14.2　内食・中食・外食の区分（薬師寺・中川（2019），p.62，表7-1を一部改変）

| | 内食<br>（ないしょく） | 中食（なかしょく） | | 外食 |
|---|---|---|---|---|
| 調理する人 | 家族 | 家族以外（専門の調理人） | | |
| 調理する場所 | 家庭内 | 家庭外 | | |
| 食べる場所 | 家庭内または家庭外（弁当） | 家庭内 | 家庭外 | |
| | | | 調理場所以外 | 調理場所と同じ |
| お金のやり取り | なし | あり（経済的行為） | | |
| 例 | 食材を購入し，家庭で調理し，家庭で食べる | スーパーで惣菜を買って，家庭で食べる | コンビニで弁当を買って，大学で食べる | 大学の食堂で食べる |

力と商品・サービスの価格）と，非経済的要因（必要度や嗜好）がある．

　消費者の支払能力は所得に応じて決まるが，それにはおのずと制約がある（予算制約）．したがって，予算の制約の中で，必要度や嗜好と商品やサービスの価格を考慮して，実際に何を購入するかを決めることになる．

　一般に，同じカロリーを摂取するために必要な価格（カロリー単価）は，農林水産物＜加工食品＜調理食品＜外食の順，つまり内食＜中食＜外食の順に高くなる．それは，加工食品や調理食品，外食には，加工や調理，飲食サービスの提供による付加価値が加わるからである．

　わが国では，1950年代後半の高度経済成長の開始から1990年代半ばまで，世帯の所得は増加し，食料費支出も増加してきた．この時期の食料消費は「洋風化・高級化」と呼ばれるように，米の消費減少と肉類や牛乳・乳製品の消費増加が進み，また価格が多少高くてもより高品質の食品の消費が増加した．同時に，消費者の所得の増加に支えられて，外食産業の市場規模が1975年の8.6兆円から1997年の29.1兆円へと大きく拡大したように（食の安全・安心財団による外食産業市場規模推計値），食の外部化が進展したのである．

　食の外部化・簡便化のもう一つの要因が家族構成の変化である．

　家族構成の変化の第一の特徴は，三世代世帯や夫婦と子世帯の割合が低下し，単身世帯や夫婦のみ世帯の割合が高まり，全体として家族の小規模化が進んだことである（図14.3）．

　食事に関するさまざまな作業，特に買物や調理には，家族人数が多いほど1人当たりの材料費が安くなり，買物・調理の手間が少なくなるという規模の経済が働く．したがって，家族人数が少なくなると1人当たりの食事費用が大きくなり，外食や調理食品の価格が相対的に下がることになる．

　第二には，社会全体の高齢化に伴って，高齢単身世帯や高齢夫婦のみ世帯が増加したことである．高齢化が進むと，身体的状況などによって食事に関

勤労者世帯の所得の変化
勤労者世帯（2人以上）の1世帯当たり1ヶ月間の可処分所得は1965年59,557円から1997年497,036円へと増加した．その後，2011年の420,394円へと減少し，2020年には498,639円へと再び増加している（総務省「家計調査」）．

外食市場規模の変化
食の安全安心財団による推計値では，1997年にピークを迎えた後，2011年22.8兆円に減少したが，2019年には26.0兆円へと再び増加している．

規模の経済
生産規模が大きくなるほど生産量1単位当たりの平均費用が逓減するという経済学の考え方．

高齢世帯の増加
1990年と2015年の変化をみると，高齢単身世帯は162万世帯（総世帯の4.0％）から593万世帯（同11.1％）へと増加し，高齢夫婦のみ世帯も197万世帯（同4.8％）から608万世帯（同11.4％）へと増加した（「国勢調査」）．

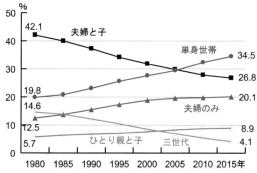

図14.3　家族類型別にみた世帯構成割合の推移
資料：総務省「国勢調査」により作成．
注：家族類型は，1995年までは旧分類，2000年以降は新分類．

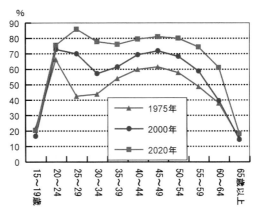

図14.4 年齢階級別労働力人口比率の変化（女性）
資料：総務省「労働力調査」により作成.

する家事が難しくなったり，おっくうになったりして，内食から中食へと食生活がシフトしていくことになる.

　第三に，女性の社会進出とそれに伴う共働き世帯の増加という家族の就業構造の変化である．男女共同参画社会や一億総活躍社会の実現が推進される中で，図14.4に示したように結婚・出産・子育て時期にあたる20歳代後半から30歳代の女性の労働力人口比率は大幅に上昇している．その結果，専業主婦世帯は1980年の1114万世帯から2000年の598万世帯へと約半分に減少し，共働き世帯は同じ期間に614万世帯から1248万世帯へと倍増した（総務省「労働力調査」）.

　女性の社会進出は，食事に要する家事労働の機会費用が高まったことを意味する．それによって，外食や調理食品が相対的に安くなり，食の外部化・簡便化につながるのである.

　また，共働き世帯においては，女性の家事労働時間も制約を受ける．したがって，共働き世帯においては前述の家事労働の機会費用の高まりに加えて，そもそも家事労働に時間を割けなくなり，食の簡便化に向かう傾向がある.

　以上のような家族構成の変化によって，消費者の食の外部化・簡便化への志向が強まり，即食性の高い加工食品や調理食品の消費や外食が増加したのである.

**機会費用**
「あることを行う代わりに，別のことを行った場合に得られるであろう収入の最高額」を意味する経済学の用語.

**女性の家事労働時間**
2016年の女性の1日平均家事労働時間は，共働き世帯（夫も妻も雇用）の3時間14分に対して，専業主婦世帯では4時間49分である（総務省「社会生活基礎調査」）.

## 14.4 食品産業による食の外部化・簡便化の促進

### 14.4.1 食品製造業の動向

　以上のような消費者の食料消費や食生活の変化を支え，促したのが食品産業である．そこで，この節では食品製造業，外食産業，食品小売業の動向を

取り上げる.

　フードシステムにおける食品製造業の基本的な役割は，食用農林水産物や一次加工品を用いて，消費者ニーズに対応したさまざまな種類の新たな加工食品の商品開発・製造・販売を行うことであり，消費者ニーズの変化に対応し，新たな需要を喚起するために，商品開発が絶えず行われている．例えば，食の簡便化を支えてきたインスタント食品においては，1958年にインスタントラーメン，1968年にレトルトカレー，そして1971年にカップ麺が，それぞれ新商品として開発・販売された．また，冷凍食品の製造が本格化するのは1960年代であり，冷凍冷蔵庫や電子レンジの普及によって業務用に加えて家庭向けの冷凍食品も普及するようになり，製造量が増加してきた．そして，冷凍食品の種類も農林水産物を冷凍したものから一次調理食品へ，さらには調理済み食品へと多様化し，さまざまな商品が開発・販売されている.

　食品製造業による商品種類別生産の動向を表14.3に示した．この表では，加工食品を，①主として他の加工食品製造の原料として用いられる素材型加工食品，②わが国で古くから生産・消費されてきた伝統加工食品，③第二次世界大戦後に本格的に生産・消費が増加した洋風加工食品，④即食性の高い冷凍食品・調理食品，⑤嗜好性の強い菓子・清涼飲料，⑥酒類，⑦分類不能のその他の加工食品，に分類して，1980年，2000年，2018年の出荷額を示してある.

　この表から，第一に，食品製造業の出荷額が増加した1980年から2000年の間には，素材型加工食品を除いて出荷額が増加しており，中でも冷凍食品・調理食品の出荷額の増加が著しいこと，第二に，出荷額が微増にとど

表14.3　食品製造業の商品分類別製造品出荷額の推移
（億円，％）

| | 1980 年 | | 2000 年 | | 2018 年 | |
|---|---|---|---|---|---|---|
| | 出荷額 | 構成費 | 出荷額 | 構成費 | 出荷額 | 構成費 |
| 食品製造業出荷額計 | 205,100 | 100.0 | 304,509 | 100.0 | 337,945 | 100.0 |
| 素材型加工食品 | 26,104 | 12.7 | 18,633 | 6.1 | 19,986 | 5.9 |
| 伝統加工食品 | 39,489 | 19.3 | 46,465 | 15.3 | 38,615 | 11.4 |
| 洋風加工食品 | 49,209 | 24.0 | 68,476 | 22.5 | 92,494 | 27.4 |
| 冷凍食品・調理食品 | 10,499 | 5.1 | 39,655 | 13.0 | 51,021 | 15.1 |
| 菓子・飲料 | 35,118 | 17.1 | 58,379 | 19.2 | 67,771 | 20.1 |
| 酒類 | 29,951 | 14.6 | 41,257 | 13.5 | 31,996 | 9.5 |
| その他加工食品 | 14,730 | 7.2 | 31,644 | 10.4 | 36,061 | 10.7 |

資料：経済産業省「工業統計表（品目編）」各年版により作成.
注：1）1980年と2000年以降では品目分類に一部変更があるため，区分が連続しない場合がある.
　　2）製造品出荷額計には飲料は含むが，たばこ，飼料・有機質肥料は含まない.
　　3）酒類を除く品目の分類は次の通り.
　　　　素材型加工食品：精穀・製粉，動植物製油脂，糖類，でんぷんなど.
　　　　伝統加工食品：水産練製品，缶詰，漬物，和風調味料，豆腐，油揚など.
　　　　洋風加工食品：肉製品，牛乳・乳製品，パン類，洋風調味料など.
　　　　冷凍食品・調理食品：冷凍食品，惣菜，すし・弁当，調理パンなど.
　　　　その他加工食品：分類不能のもの.

まった2000年から2018年の間には，伝統調理食品と酒類の出荷額が減少し，洋風加工食品と冷凍食品・調理食品の出荷額が引き続き増加していること，がわかる．このように，加工食品の中でも洋風加工食品や冷凍食品・調理食品の出荷額が増加し，それが食料消費の洋風化・高級化や食の簡便化を促したのである．

### 14.4.2　食品小売業の動向

　食品産業の中でも食品小売業は，外食産業とともに消費者と直接接する産業である．食品小売業の歩みを見ると，1950年代後半にスーパーが相次いで誕生したことが大きな転機になっている．それ以前は八百屋や果物屋，魚屋，肉屋などの一般小売店とその集積である商店街が消費者の主な食品の購入の場であった．そこに誕生したスーパーは，セルフサービス方式による効率的な販売を特徴とするが，多様な食品の品揃えによるワンストップ・ショッピングの利便性を提供することによって消費者の支持を得た．そして，チェーンストア化することによって食品の購入先としての地位を固めて，1980年代後半には消費者の主要な購入先となった．同時に，セルフサービス方式のためには商品の規格化・標準化を必要とすることから，農林水産物の規格化を促進することにつながった．

　その後，1970年代半ばにはコンビニが相次いで登場し，フランチャイズチェーン・システムによって急速に店舗数を増加させた．コンビニは長時間営業と稠密な店舗網の形成によって，消費者に買物の時間や場所の利便性を提供して，消費者の支持を得た．そして，1980年代になると加工食品や飲料に加えて弁当・おにぎり・調理パン・調理麺などの即食性の高い中食商品を基幹食品とするようになる．さらに，スーパーでも1990年代に弁当・惣菜などの販売を強化したことが食の簡便化を促した．

　また，食品産業の中でも消費者との接点に位置する食品小売業は，POS（point of sale：販売時点情報管理）システムによって把握した消費者の購買情報に基づいた商品管理を行うとともに，ナショナルブランド（NB）に加えてプライベートブランド（PB）の企画・開発・販売を行うことで，食品卸売業や食品製造業，さらには農林水産業に対して強い影響力をもつようになっている．

　さらに近年では，ドラッグストアやディスカウントストアなどさまざまな業態で食品の販売が増加しているとともに，インターネットなどを利用した電子商取引（Eコマース，EC）が増加する中で，食品においても消費者への新たな販売方法として注目されている．

### 14.4.3　外食産業の動向
　うどん・そば店やすし店など飲食店そのものは古くから存在したが，わが

---

**チェーンストア**
企業が多店舗（一般に11店舗以上）を展開するもので，企業が店舗を直営するレギュラーチェーン（例：スーパー）と，加盟者との契約に基づいて管理運営するフランチャイズチェーン（例：コンビニ）がある．

**惣菜市場規模**
日本惣菜協会の推計によると，2019年の惣菜市場規模は10.3兆円であり，小売業態別の惣菜販売割合はコンビニ33.4％，惣菜専門店28.8％，食料品スーパー27.3％，総合スーパー9.6％，百貨店3.5％と，コンビニとスーパーが惣菜専門店と並んで惣菜の主要な販売チャネルになっている．

**ナショナルブランドとプライベートブランド**
ナショナルブランドとは，製造業者が企画・開発，製造し，製造業者のブランドで全国的に販売する商品．プライベートブランドとは，流通業者が独自に企画・開発し，流通業者のブランドで自社店舗等で販売する商品．

国で今日みられるような外食産業が誕生したのは1970年代はじめにファミリーレストランとファスト・フード店という，それ以前とはタイプの異なる飲食店を経営する外食企業が登場したことによる．

　ファミリーレストランは，最初は都市郊外の幹線道路沿いに出店し，洋食を中心としたメニューを提供することで家族の食事の場を提供し，ファスト・フードは，単身者や若者，勤労者に手軽な食事の場を提供することによって，いずれも外食を日常の食事形態として定着させることになった．

　そして，これらの外食企業はチェーンストア化を進めるとともに，セントラルキッチンなどの近代的な経営方法を取り入れて成長した．さらに，新たな外食企業の参入や新たな外食業態の開発が活発に行われたことにより，多様な食事の場が提供されるようになり，食の外部化を促したのである．

## 14.5　食品産業の役割と課題

### 14.5.1　食品産業の役割

　最後に，フードシステムにおける食品産業の役割と課題についてまとめておこう．

　食品産業は，フードシステムの中間において農林水産物の生産（farm）と消費（table）を結び付けることにより，消費者に豊かで多様な食料消費・食生活を提供する役割を果たしている．そして，食品製造業や外食産業が常に新たな加工食品や飲食サービスを開発・提供するとともに，食品流通業が新たな流通サービスを創出し，便利な買物の場や買物方法を提供することにより，農林水産物に栄養性，保存性，おいしさ，目新しさ，経済性，便利さなどの価値を付加して消費者に提供している．このような活動を通じて，利便性の高い買物や飲食の場を提供し，即食性の高い食品を提供することにより，消費者のニーズに対応するとともに，食料消費・食生活の変化を促しているのである．

　また，国内産業からみると，2018年の食品産業の国内生産額は100.4兆円，国内全経済活動の9.6％を占めており，2015年の就業者数は698万人，全就業者数の11.8％を占めている．このように，食品産業は国内における基幹的な産業分野の一つであり，雇用の場としても重要である．

### 14.5.2　フードシステムと食品産業の課題

　同時に，フードシステムと食品産業はさまざまな課題をもっている．

　フードシステムは，食をめぐる消費者のニーズの変化に対応して進化するとともに，消費者の食料消費や食生活の変化を促してきた．その過程で，食の外部化・簡便化が食習慣の乱れや栄養バランスの崩れにつながったり，即

ファスト・フード（fast food）
低価格で調理時間が短く，注文してからすぐに食べられる手軽な外食であり，ハンバーガー店やフライドチキン店などに加え，牛丼店，立ち食いそば店，回転すし店なども含まれる．

セントラルキッチン（central kitchen）
チェーン外食企業の各店舗で用いる食材の下処理や調理を集中して行う調理加工場のこと．

食品産業の産業別国内生産額
食品製造業37.8兆円，関連流通業34.0兆円，外食産業28.6兆円（農林水産省「令和元年農業・食料関連産業の経済計算」）．

食品産業の産業別就業者数
食品製造業128万人，食品卸売業56万人，食品小売業240万人，外食産業274万人（総務省「2015年国勢調査」）．

食性の高い食品の増加が食品ロスの一因となるなど，食をめぐってさまざまな問題が生じているのも事実である．これらの点を含めたフードシステムと食品産業の課題は，以下の点に整理できる．

　第一に，フードシステム全体を通じて，すべての消費者にとって必需品である食品の安定的な供給を行うことである．自然災害などの際の安定的な供給システムの確保とともに，食をめぐる格差拡大が指摘されている今日では，経済的理由や社会的・物理的理由によって食品の入手に不便や困難を抱える人たちにも安定供給を行う仕組みが求められている．

　第二に，人体に直接摂取する食品の安全を確保するとともに，食品の安全性や表示などに対する消費者の信頼を確保することも，個々の事業者に求められる課題であるとともに，フードシステム全体の課題でもある．

　第三に，生産年齢人口の減少が進む日本社会において，フードシステム全体の効率化，生産性の向上も求められている．その際に，経済的効率性だけではなく，生鮮性の強い食品の供給における時間の効率性や，消費者に多様な選択肢を提供するための品揃えの効率性も含めて，AIやIoTなどの新たな技術の活用を図りながら追求していくことが必要である．

　第四に，フードシステムにおける各段階間の垂直的な取引関係において，大規模小売企業などによる優越的地位の濫用につながる行為が指摘されており，公正な取引が求められる．また，食品の製造，流通，外食の各段階における企業間の適正な競争の確保も課題である．

　第五に，フードシステムのグローバル化と複雑化が進むことによって，食と農の距離の拡大が指摘されている．食と農の間の人，場所，時間の距離の拡大が情報の距離の拡大につながり，さらに心理的距離の拡大にもつながっている．このような状況の中で，国内農林水産業と食品産業や消費者との結び付きを強めることで，食と農の距離を短縮することが求められている．

　最後に，SDGsの17のゴールと169のターゲットの中には，食料の生産・加工・流通・消費に関連するものが多く含まれている．フードシステムを構成する主体である農林漁業者，食品産業，消費者の取り組みによって，フードシステムをさらに進化させていくことが求められる．

**食料品アクセス問題**
経済的理由や身体の事情，社会的・物理的理由（地元小売業の廃業や商店街の衰退などによって身近に小売店がない，小売店までの移動手段がないなど）によって，高齢者を中心に食料品の購入や飲食に不便や苦労を感じる人が増えていること．「買物弱者」，「買物困難者」などとも呼ばれる．

**優越的地位の濫用**
取引上優越した地位にある事業者が，その地位を利用して，取引の相手方に対して正常な商習慣に照らして不当に不利益を与えること．

# 文　　献

大浦裕二・佐藤和憲（2021）フードビジネス論―「食と農」の最前線を学ぶ，ミネルヴァ書房．
時子山ひろみほか（2019）フードシステムの経済学（第6版），医歯薬出版．
新山陽子編著（2018）フードシステムと日本農業，NHK出版．
藤島廣二・伊藤雅之編著（2021）フードシステム，筑波書房．
薬師寺哲朗・中川　隆編著（2019）フードシステム入門―基礎からの食料経済学，建帛社．

# これからの食と農を考える

北川 太一

〔キーワード〕　食料の基本問題，必需財，食の安全・安心，農業・農村の多面的機能，食料・農業・農村基本法，市場経済，食と農の距離，地産地消，農商工連携，SDGs

## 15.1　食と農の現状

　人が自然に働きかけると同時に，自然からの恵みを国民が享受して成り立つ農業は，食料生産をはじめとする多面的な機能の発揮を通して，私たちの食や暮らしと結び付いたかけがえのない営みである．わが国においては，長年にわたる農業の営みを通して，人，自然，環境，社会，文化など，有形・無形の豊かな財産が育まれてきた．

　ところが，わが国の農業の現実に目を向けると，①農業就業者の6割以上が65歳以上の高齢者で占められており農業の後継者・担い手の減少・高齢化が著しい，②近年の生産資材や飼料代等の高騰による生産費用の増加や農産物価格の低迷による収益性の低下が農業経営を厳しく圧迫しており，このことは特に専業的農業者をはじめとする担い手への影響が深刻になっている，③農業の停滞が農地の利用率を低下させて遊休地や耕作放棄地の増加を招いている，とりわけ過疎・高齢化が進み圃場条件が悪い中山間地域では鳥獣被害や定住人口の著しい減少がみられ，いわゆる「限界集落」が農山村社会に広がっている，といった点が指摘される．

　一方，私たちが生きていく上で必要不可欠な食もさまざまな問題に直面している．例えば，①戦後，低下の一途をたどってきた食料自給率が依然として向上する兆しが見えず，それどころか最近では低下の傾向を示している，②古くはO-157（病原性大腸菌）やBSE牛（牛海綿状脳症），近年では鳥インフルエンザや豚コレラなど食の安全をめぐる諸問題が発生するとともに，賞味期限切れ食材による食中毒事件，米や牛肉の産地偽装表示など食品企業による不祥事もあり，食の安心（信頼）に関わる事件も後を絶たない，③前章で述べられているように，外食や中食の増加，加工食品への過度の依存など私たちの食生活が変貌し，そのことがメタボリックシンドロームをはじめとするさまざまな生活習慣病の早期発病や子ども・若者を中心とした食生活の乱れの一因となり，健康への影響が拡大している，といった点が指摘され

農業就業者
自営農業のみに従事した者，または自営農業以外の仕事に従事していても年間労働日数で見て自営農業が多い者をいう．なお，自営農業に主として従事した世帯員のうち，ふだん仕事として主に自営農業に従事している者を「基幹的農業従事者」という．

限界集落
必ずしも明確な定義はされていないが，一般に，人口の過半数を65歳以上の高齢者が占め，共同の作業や生活活動の維持が困難な状態にある集落を指す．

る.

　本章では，こうした食と農をめぐる現状も踏まえて，次の諸点について述べることによって，これからの食と農を考える一助としたい.

　第一に，農業の特性，食と農が密接な関係にあることを理解した上で，日本の農業政策においても，そのことが示されていることを知る（15.2節，15.3節）.

　第二に，食と農の結び付きについて，市場経済の仕組みを理解するとともに，食と農の距離の拡大の観点から現状を知る（15.4節）.

　第三に，地産地消をはじめとした食と農を結ぶ取り組みを知り，持続可能な食と農の実現に向けて考えてみる.

## 15.2　農業の営み―四つの特性―

### 15.2.1　自然と技術の相互作用

　農業は人間が開発した技術を用いて自然に働きかけることから（図15.1），機械学的過程（mechanics-process M過程）と生物化学的過程（biology and chemistry-process BC過程）をもつ．特にBC過程は，農業に特有の過程であり，次に説明する収穫逓減の法則が導かれる.

　図15.2は生産力曲線（肥料反応曲線）と呼ばれるもので，耕作面積を一定として，肥料投入量（横軸）を増やしたときの収量（縦軸）がどのように変化するかを示したものである．ここに描かれているように，最初，収量は増加するものの増加率が減少していき，やがて頂点を過ぎると収量そのものが減少に転じる．つまり，農業生産においては「収穫逓減の法則」が成り

図15.1　再生紙マルチを使った田植機による作業（筆者撮影）

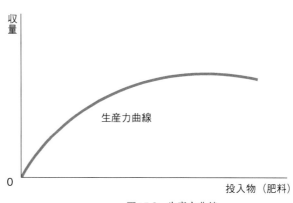

図15.2　生産力曲線

立っている．仮に，この生産力曲線が世界全体のそれを表しているとすると，私たちは収量が最大になる水準を越えることができず，作付面積も増やすことができないと考えると，人類にとっての食料生産量は限られているという結論が導かれる．このことを「食料の基本問題」（food problem）と呼ぶ．

### 15.2.2 経済性

農業者は，農業生産を行うために種苗，肥料，餌といった生産資材を購入し，農地，労働力，資本（機械や施設）といった生産要素については対価を支払って利用する．また，生産し農産物を出荷・販売して収入を得る．つまり，生産資材や生産要素，農産物は経済的に取引されることになるが，このことを市場経済が存在するという．したがって農業は，生産資材や流通などの関連産業や地域経済，輸出入をはじめとする国際動向の影響を受ける．また，農産物価格の動向は農業経営に大きな影響を及ぼすが，一般に農業生産は気象に左右されやすく収量が増減しやすいことから，農産物価格の変動が起こりやすい．

### 15.2.3 必需性

農業から生産される農産物・食料は，単に消費するものではない．これらは私たちの口に入ることから，健康ひいては命に影響を及ぼすものである．スマートフォンがなくても，あるいは海外旅行に行くことができなくても私たちは生きていけるが（贅沢財もしくは奢侈財と呼ぶ），農産物・食料は私たちが生きていく上で必要不可欠な必需財である．食の安全・安心の問題が大きく取り上げられるのも，この特性によるものである．

ここで安全と安心は，使い分けるようにしておきたい．安全とは，一定の科学的根拠に基づき許容できないレベルのリスク（危険）がないことであり，安心とは，求める側の意識や心理に関わって心配や不安がなく信頼が存在することをいう．食の安全と安心を備えた社会的なシステムの構築は，食と農の問題を考えていく上でも重要なテーマである．

### 15.2.4 公益性

農業の生産要素の一つである農地は所有者の私的財産であり，それがひとたび荒れてしまうと農業生産ができなくなり所有者の収入に影響を及ぼす．しかし，それだけでは終わらない．農地が荒廃して雑草や害虫が発生すると，影響は周辺の人たちにまで及ぶ．あるいは，景観やレクリエーションの場が喪失され，地域やそこを訪れる人たちが楽しむことができなくなる．このように農地を利用する農業は，当該の人のみならず多くの人の利益（公益）に関わるものであり貴重な資源である．

食の安全と安心を備えた社会的なシステムの構築
日本では，2003年に食品安全基本法が制定され，食品安全委員会と関係省庁（農林水産省や厚生労働省など）とが連携して取り組む仕組みが発足した．食の安全・安心を進めるための具体的仕組みとして，トレーサビリティシステム（生産流通情報把握システム），食品表示法や食品表示基準の制定，生産段階におけるGAP（Good Agricultural Practice 農業生産工程管理）や製造段階におけるHACCP（Hazard Analysis Critical Control Point 危害要因分析・重点管理点）の導入などがある．

図15.3　世界農業遺産に認定されている石川県能登の棚田の風景（筆者撮影）

このように，農業およびそれが営まれる農村は，食料の供給だけではなく，水資源の涵養や自然環境・生態系の保全，自然災害や土砂崩れの防止，美しい景観の形成や文化の育成，レクリエーションの場など，多くの役割をもつ（図15.3）．これらを農業・農村の多面的機能と呼ぶ．

### 15.2.5　農学の対象

以上のように農業の特性を整理すると，農学の対象は広い範囲に及ぶことが理解できる．とりわけ食と農の問題を考えるとき次の三つの対象が重要になる．

一つには農業で，農業生産，改良技術，農業経営，担い手の育成など，二つには食料で，食生活，食料・食品の流通，食品産業，食料消費，食の安全・安心など，そして三つには農村地域で，資源や環境，暮らしや福祉，農業・農村がもつ多面的な役割などである．

私たちは農学に関わる専門領域を深く探求すると同時に，農学が有する広範な対象にも視野をもちながら，食と農の問題を関連づけて考えることが重要である．

## 15.3　食料・農業・農村基本法

### 15.3.1　前史：農業基本法

日本の農業政策は，長年「農業基本法」（1961年）に基づき展開されてきたが，1999年に新しい基本法である「食料・農業・農村基本法」が制定されて今日に至っている．法の名称が変わったことからわかるように食料・農業・農村基本法では，持続的な農業の発展を実現するために食料や農村の問題も含めた総合的な施策を展開することが目指されている．

表15.1は，農業基本法と食料・農業・農村基本法とを，政策の体系と目標（重要事項）の点から比較したものである．この表からわかるように，農

**農業基本法**
第一条では次のように定められている．
「国の農業に関する政策の目標は，農業及び農業従事者が産業，経済及び社会において果たすべき重要な使命にかんがみて，国民経済の成長発展及び社会生活の進歩向上に即応し，農業の自然的経済的社会的制約による不利を補正し，他産業との生産性の格差が是正されるように農業の生産性が向上すること及び農業従事者が所得を増大して他産業従事者と均衡する生活を営むことを期することができることを目途として，農業の発展と農業従事者の地位の向上を図ることにあるものとする．」

表15.1　農業基本法と食料・農業・農村基本法（著者作成）

| | 農 業 基 本 法 | 食料・農業・農村基本法 |
|---|---|---|
| 食料の供給<br>（食料政策） | | • 消費者に軸足を置いた政策<br>• 安全・安心な食料の安定的供給<br>• 不測時の食料安全保障 |
| 農業の発展<br>（産業政策） | • 農業の近代化<br>• 農工間の格差是正<br>（生産性格差と所得格差の是正） | • 農業の持続的な発展<br>• 農業の担い手（経営体）育成，構造改革 |
| 農村地域の振興<br>（地域政策） | | • 多面的機能の重視<br>• 農村生活環境の整備<br>• 中山間地域（条件不利地域）対策<br>• 農村と都市との交流<br>（グリーンツーリズム） |

業基本法は，あくまで農業の発展を目指す産業政策を中心に据えたものであり，具体的な目標として農業の近代化と農工間の格差是正（生産性格差と所得格差の是正）が掲げられた．そして，生産性格差の是正を実現するために農地の規模拡大や農業の機械化と施設の整備を進める構造改善事業が，所得格差の是正を実現するために米以外の園芸や畜産を振興する選択的拡大が進められた．

### 15.3.2　食料・農業・農村基本法の特徴

食料・農業・農村基本法の第一条は，次のように定められている．

　　（目的）

　　第一条　この法律は，食料，農業及び農村に関する施策について，基本理念及びその実現を図るのに基本となる事項を定め，並びに国及び地方公共団体の責務等を明らかにすることにより，食料，農業及び農村に関する施策を総合的かつ計画的に推進し，もって国民生活の安定向上及び国民経済の健全な発展を図ることを目的とする．

表15.1に示したように，食料・農業・農村基本法は，農業基本法が目指した産業政策を中心としたものではなく，食料の供給（食料政策），農村地域の振興（地域政策）も含めた三つの政策体系と理念から成り立つ「総合的」な政策であり，食料政策では「消費者」「安全・安心」，農村振興政策では「多面的機能」「農村と都市との交流」といった施策が示されている．また，「計画的に推進」とあるように5年ごとに食料・農業・農村基本計画を策定することによって，具体的かつ実効性のある政策推進手法が展開されることになった．

　さらに，「国民生活の安定向上及び国民経済の健全な発展を図る」という点にも注目する必要がある．すなわち，農業問題を生産者だけではなく，広く私たち国民の生活や経済にとっても重要な問題であるとし，国の責務（第七条）や地方公共団体の責務（第八条），農業者等の努力（第九条）はもとより，食品産業をはじめとする事業者の努力（第十条）も示されている．

## 15.4 食と農の結び付きの現状

### 15.4.1 市場経済

先にみたように，経済性を有する農業にとって市場経済との関係は大変重要である．

図15.4は，横軸に需要量（農産物を購入する行為：求める量）と供給量（農産物を出荷・販売する行為：提供する量），縦軸に価格をとった場合の需要曲線（右下がり）と供給曲線（右上がり）を描いたものである．

多くの農産物においては，多数の売り手（生産者などの供給者）と買い手（卸売業者から仕入れる小売店や消費者などの需要者）が存在するが，両者は互いに顔と顔が見える関係ではなく，価格の情報をシグナル（信号）として行動する．例えば，供給者は価格が高いと出荷量を増やそうとし，逆に価格が低いと採算が取れないから出荷行動が抑制される．それに対して需要者は価格が低いと購買意欲が高まり，逆に高いと購入意欲は減じてしまうだろう．両者がこうした合理的行動をとるならば，需要曲線と供給曲線とが一致する点で価格（$P_0$）と需要量・供給量（$Q_0$）が決まる．こうした仕組みが市場経済であり，農業に関連する経済活動にとって重要な役割を果たしている．

ただし，市場経済が常に適正に機能するとは限らない．例えば，売り手が少数だと価格が不適切に吊り上がり，買い手が少数だと安く買い叩かれることがある．お気に入りの産地や農家で作られた農産物なら少々値段が高くても買いたいという消費者意識が働くこともある．先に価格をシグナルにして行動すると述べたが，それは需要者と供給者など市場経済に関わる関係者が十分かつ正しい情報を獲得していることが前提になるが，必ずしもそうはならないケースもある．このように，市場経済は決して万能ではなく時には失敗を起こすことがある．

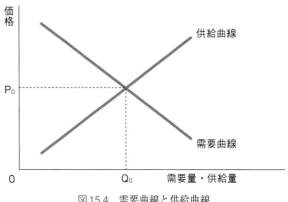

図15.4　需要曲線と供給曲線

### 15.4.2　食と農の距離の拡大①―時間的・地理的な距離の拡大―

わが国の食と農をめぐってはさまざまな問題が生じているが，食と農の結び付きを考える上で深刻な問題は，食と農の距離が拡大する（食と農の乖離）現象が生じていることである．近年，本来は結び付いていなければならないはずの食と農が，次の三つの点でもって離れつつある．

第一は，時間的・地理的な距離の拡大である．日本の食料自給率が主要先進国と比べて極めて低いことは周知の事実であるが，それは言い換えれば，私たちの農産物・食料の多くを輸入に依存している，つまり長い時間と距離をかけて私たちのところに届くことになる．結果として，輸送に伴うエネルギーが消費され環境に負荷を与える．輸入農産物の安全性に関わるリスクも生じるであろう．

この点に関して，フードマイレージの考え方がある．これは，農産物・食料が私たちの食卓に届くまでに，どれだけの量がどれだけの距離をかけて移動してきたのかに着目して作られた指標で，相手国別の輸入量（t）に輸送距離（km）を乗じて求められる．数字が高いほど輸送などにかかる二酸化炭素の排出量が多く，環境に負荷を与えていることになる．日本は依然として世界有数の農産物の輸入国であり，他国に比べてフードマイレージは大きいと考えられる．

### 15.4.3　食と農の距離の拡大②―段階的な距離の拡大―

第二は，段階的な距離の拡大である．日々の食料を外食や中食・加工食品に頼りすぎると，産地で収穫された農産物が幾重もの製造加工・流通の過程を経て姿や形を変えて消費者のもとへ届くことになる．その結果，食材の原型に対する意識の希薄化や，旬を実感する機会の減少がもたらされる．

近年，単身世帯の増加や個人の社会進出，食に対する簡便化志向をはじめとする生活様式や意識の変化が背景となって，外食や中食産業の定着・増大傾向が進んでいる．外食市場は25兆円前後の水準を保ち，中食市場も惣菜を例にとると10兆円を超える規模に拡大している（日本惣菜協会，2019）

ただし，こうした外食・中食産業が扱う食材は，経営的な効率を重視するために仕入れ価格が低い輸入農産物の割合が高いとされ，段階的な距離の拡大は上述の時間・地理的な距離の拡大とも関係している．

### 15.4.4　食と農の距離の拡大③―心理的（意識的）な距離の拡大―

第三は，心理的（意識的）な距離の拡大である．これは，生産者と消費者，農村と都市とのコミュニケーション（交流も含めた共通理解）が不足している，つまり都市や町の人が農業，農村のことを十分に理解していない（逆もあり得る）といったことである．

先に述べた時間的・地理的距離の拡大や段階的な距離の拡大は，食と農を

フードマイレージ
やや古い資料であるが，主要国のフードマイレージの値は（単位：百万t・km），数値が高い国から順に，日本900,208，韓国317,169，アメリカ295,821となっており，当時，日本が群を抜いて第1位であった（全国農業協同組合中央会（2008），原資料は，農林水産政策研究所の試算2004年3月による）．

図15.5 「麦秋」の風景（筆者撮影）

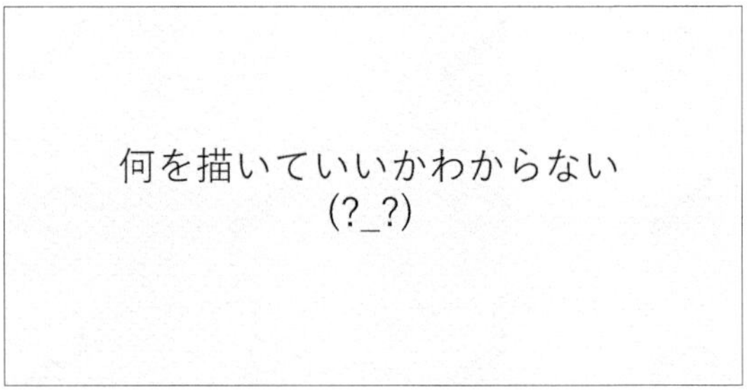

何を描いていいかわからない
(?_?)

図15.6 農業のイメージ？（筆者作成）

結び付けて考えることを困難にし，日頃の食事（食卓）と生産現場（農業）とを結び付けることができない人たちを生み出している．農林水産省『食料・農業・農村白書 平成12年版』に記載された民間研究機関による調査結果によると，東京都内の小学校5年生から中学校3年生までを対象にして「農業」と言われて思い浮かぶ絵を描いてもらったところ，しっかりと描けている生徒がいる一方で，魚の絵や野球の絵を描いたり，農業の意味が理解できずにまったく白紙であった生徒もいたという（図15.5，図15.6）．

### 15.4.5　食育基本法

　以上のように，食と農の距離の拡大の現状を見るならば，これからの私たちは意識的に，顔と顔が見える関係で地域を舞台に食と農を結ぶ必要がある．すなわち，市場経済の失敗を補いながら，食と農に関わるヒト，モノ，考え方などを，地域（コミュニティ）を舞台にして，意識的に結び付け，持続的に共存を図ろうとする取り組みがますます重要になる．

　2005年，「食育基本法」が制定された．これは，食育は生きる上での基本であって，知育，徳育，体育の基礎になるという考え方のもと，さまざまな経験を通じて食に関する知識と食を選択する力を習得すること，そのことを通じて，健全な食生活を実践することができる人間を育てることを狙いとしたものである．

## 15.5 食と農をつなぐ取り組み

### 15.5.1　地産地消への関心の高まり

　食と農の距離が拡大する中で，近年，食や農に対する追い風，新しい動きがある．例えば，世界各地で起こっている食料危機や農地をはじめとする農業資源の荒廃，食の安全・安心をめぐる事件は，食と農や環境問題への関心

図15.7　農家が自宅を開放して営む農家民宿
（筆者撮影）

図15.8　農家民宿で出される地元で獲れた食材を使った食事（筆者撮影）

を高めている．厳しい状況の中でも地域の農を見つめ直し，生き生きと楽しみながら食と農の新しい関係を構築する動きもみられる．

　こうした動きの一つに，できる限り地域で生産された農産物を地域で消費する地産地消の取り組みがある．この背景には，消費者の食への関心，特に安全・安心志向の高まりがある．例えば，消費者を対象にして行われた調査結果によれば，「今後の農業・農村への関わり方」（複数回答）として「地域農産物の積極的な購入等により，農業・農村を応援したい」が88.2％あり，「グリーンツーリズム等，積極的に農村を訪れたい」（33.5％），「市民農園などで農作業を楽しみたい」（31.0％），「援農ボランティア等，農村に出向いて農業・農村を応援したい」等を抑えて群を抜いて多くなっており，地産地消への関心が高いことがわかる（農林水産省，2015，原資料は農林水産省大臣官房統計部，2014）．

グリーンツーリズム
都市住民が農山漁村に滞在し，地域の自然や文化，地元の食事や人々との交流を楽しむ余暇活動のことをいう（図15.7，図15.8）．

### 15.5.2　農産物直売所の展開

　地産地消の取り組みの典型例として，近年，生産者自らが栽培した農産物を出荷・販売する施設として農産物直売所（ファーマーズマーケットと呼ばれることもある）が数多く展開している．その理由として，生産者が，伝統的な農産物の流通形態である卸売市場を介した流通（市場流通）のみに頼るのではなく，多様な販売チャネルの一つとして農産物直売所を位置付けるようになったことが挙げられる．市場流通で取り扱うことが難しい規格外品の有効活用や小規模多品目の作型に対応する販路として農産物直売所を利用することにより，小規模零細や高齢・定年農業従事者にとっても，ごくわずかな農産物を取り扱うことができる．また利用者にとっても，地元で獲れた新鮮で安心な農産物を手ごろな価格で購入できるという利点がある．

　農産物直売所を核とした多角化が進みつつあるのも，近年の特徴である．女性グループを中心とした農村女性起業が増加しているが，彼女らが作った

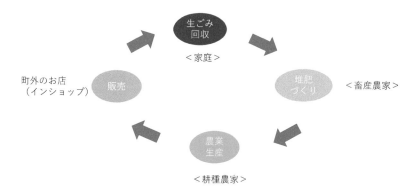

図15.9　地域の資源が循環する仕組み

農産物加工品を地元の直売所で取り扱うケースがみられる.

　さらに，農産物直売所が発展した形としてインショップ方式がある．インショップとは，デパートやショッピングセンター・ショッピングモールなどの大型店の売場に，比較的小規模の独立した店舗形態の売場を設置することで，例えば街のスーパーの中で少し離れた地域の農産物を扱う，いわばスーパーの中に産地コーナーを設けるものである.

　北陸地方のある町では，インショップ方式による地元産農産物の販売も採り入れながら，地域の農産物や資源が循環する仕組みを作っている（図15.9）．具体的には，町内の世帯から生ごみを回収し，それを使って畜産農家とタイアップした有機堆肥を作る．この堆肥を町内の農家が使用して生産した野菜を，町外の街にあるスーパーまで運びインショップ方式で販売する．このように環境問題も意識しながら生産者や消費者，行政が役割を発揮して地域資源が循環し，安全・安心な農産物を消費者に届ける仕組みを作っている.

### 15.5.3　地域ぐるみで取り組む農商工連携

　農産物直売所は，限られた地域において生産者と消費者とが結び付く取り組みであったが，最近，地域を越えて，言い換えれば地域と地域とが面的につながり，さまざまな主体がそこに関わることによって農村と都市，生産者と消費者とが結び付こうとする取り組みがみられる.

　北陸地方のある県では，豊かな農林水産物や地域の貴重な地域資源があるにも関わらず，近年過疎・高齢化に直面している地域を応援するプロジェクトが立ち上がった．具体的には，地域ぐるみで農商工連携に取り組み，地域で獲れる豊かな農林水産物を活用した商品を開発し，そこに農林水産業者や関係団体，製造業者や小売業者，さらには行政や学校等さまざまな主体が関わりながら地域を応援するプロジェクトである.

　農商工連携とは，生産，製造・加工，販売等に携わる農林水産業や商工業の主体が，それぞれの有する経営資源を持ち寄り役割を発揮しながら，新た

な商品やサービスの開発を行うことであるが，ここで取り組まれているプロジェクトは地域ぐるみの農商工連携といえる（図15.10）．プロジェクトチームには，農漁業者，農業協同組合（農協：JA），漁業協同組合（漁協：JF），地元の製造・加工会社，地元のスーパー，消費生活協同組合（生協：コープ），自治体，高校，大学など，地域に存在する数多くの主体が関わっている．また主体ごとに役割を明確に分担するだけではなく，商品開発，パッケージデザイン，広報・普及などはプロジェクトチーム全員で行うこと，売上の一部を地域に還元する（活動助成，資源保全など）ことも特徴である．さらに，こうした取り組みを進めていくためには，多くの主体を束ねるつなぎ役（コーディネーター）の存在が重要になるが，このケースでは地元の生協がそれを担っている．

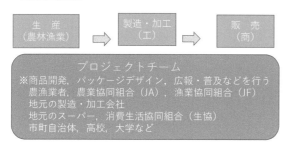

図15.10　農商工連携を使った地域ぐるみのプロジェクト

---

**コラム　食と農を結ぶ協同組合**

　食と農の結び付きを考える上で，協同組合の存在は欠かせない．例えば，農業協同組合（農協，JA）は，農産物の販売事業に取り組み，生産者組織の育成や産地の形成，それらを基盤にした卸売市場流通を積極的に展開してきた．その一方で，農産物直売所の開設・運営をはじめとする地産地消や，食農教育活動にも積極的に取り組んでいる．特に近年では，農協の将来像を「食と農を基軸にして地域に根ざした協同組合」と定めて，消費者の信頼に応えて安全・安心な国産農産物を提供する「持続可能な農業の実現」に力を入れている．

図15.11　農協と生協とが共同で運営する店舗

　消費生活協同組合（生協，コープ）の役割も重要である．長年，生協においては農協や漁業協同組合（漁協，JF）と連携しながら，産直事業に取り組んできた．そこでは生産者と消費者とがお互いに顔が見える関係を重視し，①生産地と生産者が明確であること，②栽培，肥育方法が明確であること，③生協の組合員と生産者が交流できること，といった「産直三原則」を定めている．

　こうした協同組合同士の連携は，2018年に日本協同組合連携機構（JCA）が設立されたことでますます活発になり，産直事業だけではなくさまざまな活動が展開しつつある．

## 15.6 食と農が結び付いた持続可能な社会の実現に向けて

　食と農の将来を考え，それらが結び付く取り組みを進めていくことは，私たちが次代，次世代に向けてどのような社会をつないでいくかという問題でもある．

　この点に関連して，2015年9月，国連は「我々の世界を変革する：持続可能な開発のための2030アジェンダ」を採択し，そこに含まれるのがSDGs（Sustainable Development Goals 持続可能な開発目標）である．SDGsでは，2030年までに達成すべき，貧困，飢餓，健康と福祉，教育，ジェンダーなど17の目標が設定され，そのもとに169のターゲットと232の指標が示された．それは，発展途上国だけの問題ではなく，先進国も含めたすべての国を対象に，経済，社会，環境を統合した総合的な目標となっていることが特徴である．

　こうした目標が設定された背景には，地球環境や貧困の問題がますます深刻化する中で，これらを解決する最後の機会になるかもしれないという強い危機感がある．また，1992年に開催された地球サミット以来，さまざまな採択・宣言，取り組みが行われてきたにも関わらず，今日なお解決に至らない環境と開発援助，貧困等の問題を，より包括的に途上国のみならずすべての国々が目標として掲げるべきであるとの認識の広がりがある．

　国連採択に至る背景やSDGsが掲げる目標は，これから目指すべき食と農のあり方とそれを通した豊かな地域社会づくりにとっても無関係ではない．実際，掲げられた目標は，「飢餓をゼロに」「安全な水とトイレを世界中に」「海の豊かさを守ろう」「陸の豊かさも守ろう」といった農業・食料問題に関わるものが掲げられ，さらには「つくる責任 つかう責任」といった生産者のみならず消費者にとっても重要な課題を投げかけている．

　先に取り上げた食料・農業・農村基本法の第十二条（消費者の役割）では，次のように示されている．

　　　「消費者は，食料，農業及び農村に関する理解を深め，食料の消費生活の向上に積極的な役割を果たすものとする．」

　しばしば言われるように，田の心と書いて思う，人を良くすると書いて食である．私たちは，自然の恵み，農への思いと食への感謝の気持ちを忘れないよう，農学を学び食と農のあり方を考えたいものである．

田の心，木を見る心
「若い人たちや，現代人は，……（中略）……思想を持っていない．つまり方向が見えていない．それは，広角レンズのカメラを買ったようなもので，自分の目が開きすぎていて情報が入りすぎるため，前向きだか，うしろ向きだかわからなくなり，前方の物にピントがあっていないのである．思想とは田の心とかき，木を見る心と書く．」
水上勉『生きるということ』講談社現代新書（1972年）19ページ